ニャンコのためのおいしくて
栄養満点な40レシピ

はじめて作る

猫の健康ごはん

監修：須﨑恭彦

獣医学博士・須﨑動物病院院長

食物
アレルギーが
ある

市販のフードの原材料には、さまざまな食材が使われています。食物アレルギーを持つ猫の場合、なかなか食べられるフードが見つからずに苦労したり、もしかしたら原材料にアレルゲンが入っているかもしれないと心配したりしてしまう飼い主さんもいるでしょう。手作りごはんなら、猫が食べるものを、しっかり把握することができるので安心です。また、もしアレルギー反応を起こした場合でも、すぐに原因を特定して避けることができます。

手作りごはんは
こんな猫に
おすすめ

肥満が気になっている

完全室内飼いの猫は、運動不足になりがちです。そのため、食事でしっかりカロリーコントロールをしないと肥満になりやすい体になります。とくに猫は一度太ると、ダイエットが難しい生き物なので、まずは太らない食事を心がける必要があります。手作りごはんなら、その日の運動量に合わせた食事内容にすることができるうえ、低カロリーのかさ増し食材を使うことで、食べるのが好きな猫でもストレスなくダイエットを続けることができます。

猫 が1日に必要な水の摂取量は、体重4kgの成猫で約240㎖。ドライフードの水分量は10％未満のため、足りない分の水は別に飲む必要があります。しかし、猫はもともと狩った獲物を食べることで水分を摂取していた名残りから、あまり水を飲みません。そのため、慢性的な水分不足になりやすいのです。手作りごはんには水分量が50〜60％も含まれているので、食事から水分をしっかりと摂取することができます。

はじめに、市販のペットフードは決して悪い食べ物ではありません。低価格で安定した栄養素やカロリーを摂取できるフードは、飼い主さんの強い味方です。ただ、すべての猫がフードだけで健康に生きられる体質ではありません。市販のフードが合わなかったり、不足している栄養素を補う必要があったり、その日の体調に合わせたレシピが必要な猫もいます。本書は、そんな猫の食事の選択肢を増やすためのレシピ本です。

毛ヅヤが
悪く
目ヤニが
多い

ブ ラッシングやシャンプーをしているのに毛ヅヤが悪い、フケや目ヤニが目立つなどの場合は、老廃物の排出がうまくできていない可能性があります。水分や毒素の排出を促す栄養素が足りないと、尿が出なかったり便秘になったりして、体内に老廃物が溜まり、炎症が起きてしまうことがあるのです。水分やデトックス効果のある食材を食事に取り入れることで、老廃物をしっかりと排出しましょう。

CONTENTS

CHAPTER 1 猫の体の基礎知識を押さえよう

PART 1 猫の体と食事事情

PART 2 食事の好みの探し方

PART 3 手作りごはんの基本

CHAPTER 2

がっつり食べて満足 定番レシピ

CHAPTER 3

栄養と水分たっぷり スープレシピ

CHAPTER **1**

猫の体の
基礎知識を
押さえよう

手作りごはんを作り始める前に、
猫の体の仕組みを把握して
適切なごはんの与え方を学びましょう。

猫の体と食事事情

人間や犬が雑食動物であるのに対して、猫は完全肉食動物です。だからといって肉だけを食べるという意味ではありません。猫の健康のためには野菜類の栄養も必要です。では、雑食性とはどのような点で異なっているのでしょうか。猫の食性や体の仕組みを理解しましょう。

獲物は丸ごと食べるのが基本

野生の猫の食料は小鳥やねずみなどの小動物です。猫は人間のように狩った獲物の肉だけを取り分けて食べるということはせず、骨や血、内臓などもすべて丸ごと食べます。そのときに、小動物の胃や腸の中に残っている植物や木の実なども一緒に摂取するため、野生の猫は直接植物を食べなくても、間接的にその栄養素を取り入れているのです。

ねずみを丸ごと食べる

小動物の肉や骨、血や内臓と小動物が食べた植物や木の実などの栄養素。

=

肉類や野菜類を一緒に食べる

肉や魚などの動物性、野菜や果物などの植物性の食べ物の栄養素。

(肉だけでも野菜だけでも生きられない)

野生の猫が野菜や木の実などの植物を食べることは基本的にありません。そのため、1960年代には猫に肉だけを与えるという考えがありましたが、結果は猫がカルシウム欠乏症などの栄養失調に陥るというものでした。しかし、野菜だけで生きることもできません。猫の必須栄養素であるアラキドン酸やタウリンなどは、肉類からでないと摂取できないのです。市販のペットフードはこうした栄養素が計算されていますが、手作りごはんでは飼い主が管理しなくてはいけません。ただ、「肉だけ」「野菜だけ」というような極端なことをしなければ、基本的に問題はありません。

肉食に特化した歯と消化器官

完全肉食動物である猫は、歯の形や消化器官の構造などが、肉類を食べて消化することに特化しています。反対に野生の状態では食べない野菜類を消化することには少し不向きで、同じようにペットとして飼われている犬と比べて、うまく食べることができません。猫の体の仕組みを理解して、手作りごはんを与えるときに手助けしてあげるようにしましょう。

歯

かみ切るのは得意
かみ砕くのは不得意

成猫の歯は全部で30本ありますが、食べ物をかみ砕くことができるのは後臼歯のたった4本です。それ以外の歯は鋭く、肉を切り裂くために使われます。そのため、猫は肉の塊をひと口大に切り裂いて丸飲みにすることは得意ですが、かたい野菜を咀嚼して食べることが上手にできません。野菜を与える際には、猫がそのまま飲み込めるように小さく切ってから与えましょう。

切歯
肉を引きちぎったり、骨からそいだりする。上下合わせて12本。

犬歯
獲物を仕留め、肉を切り裂く。上下合わせて4本。

前臼歯
肉をかみ切る。上下合わせて10本。

後臼歯
肉をかみ切るほか、食べ物をかみ砕く。上下合わせて4本。

肝臓
食べ物を消化するための消化酵素を生成、分泌する。たんぱく質を分解しエネルギーに変換する酵素が多い。

大腸
小腸で消化した食べ物をさらに消化し、水分を吸収。最終的な不要物を便として体外に排出する。

消化器官

肉類は消化しやすい
野菜類は消化しにくい

猫の腸は肉類の消化は得意ですが、食物繊維を含む野菜類の消化には少し時間がかかります。草食動物は発達した長い腸を持ちますが、肉食動物の猫は短い腸しかありません。獲物を丸ごと食べる場合は、すでに獲物のおなかの中で野菜の消化が進んでいるため問題ありませんが、手作りごはんとして野菜をそのまま与えるとうまく消化できないことがあります。スムーズな消化を促すために、野菜を細かくし、加熱してやわらかくしてあげましょう。

食道
食べ物を口から胃に送り込む。

胃
食道から送られてきた食べ物を一時的に保管し、消化する。

小腸
胃で消化した食べ物をさらに分解して吸収する。犬や人間よりも短く、野菜類の消化に不向き。

健康維持に必要な栄養素

雑食動物の人間と肉食動物の猫とでは、健康維持のために摂取しなくてはいけない栄養素にも違いがあります。猫の体には調整能力があるため、厳密に計算する必要はありませんが、バランスのよいごはんを作るためにも、猫にとってどのような栄養素が必要になるのかを知り、それがしっかり摂取できているかを確認することが大切です。

☑ たんぱく質

丈夫な体や骨の構成と、脳や体を動かすためのエネルギー源となる栄養素。肉、魚、卵、乳製品などに含まれる動物性と、大豆に含まれる植物性のものがある。多数のアミノ酸がつながって構成されている。

☑ 脂質

体を動かすエネルギー源であり、細胞や内臓の維持や保護、体温の保持も行う。肉や乳製品に多い飽和脂肪酸、魚に多いn-3系脂肪酸（EPA・DHA）、植物に多いn-6系脂肪酸（リノール酸）、n-9系脂肪酸（オレイン酸）がある。

☑ ビタミン類

水溶性ビタミン

ビタミンは代謝に必要な酵素のはたらきを補う。体内では合成できず、食事から摂取する必要がある。血液や体液に溶けて作用するものを水溶性ビタミンといい、ビタミンBやビタミンCがあたる。

脂溶性ビタミン

水に溶けない性質のビタミン。ビタミンA、ビタミンD、ビタミンE、ビタミンKのほか、ナイアシン、葉酸、ビオチンがあたる。脂肪組織や肝臓に貯蔵され、体の機能を正常に維持する。

☑ ミネラル類

多量ミネラル

ミネラルは酸素、炭素、水素、窒素以外の体を構成する成分の総称。体内に多く存在するミネラルを「多量ミネラル」といい、ナトリウム、カリウム、カルシウム、マグネシウム、リンなどがあたる。体内で合成できないため、食事から摂取する。

微量ミネラル

ミネラルのうち、多量ミネラルより量が少ないものを指す。体を構成し、生理機能を整える。血を作る鉄や亜鉛、銅のほか、酵素を活性化させるマンガン、甲状腺ホルモンに関連するヨウ素、セレンなどがある。

（ 必須栄養素を食事から摂取させよう ）

栄養素には、食事からしか摂取できない「必須栄養素」と、ほかの栄養素をもとに体内で合成することができる「非必須栄養素」があります。必須栄養素は動物が持つ消化酵素によって異なり、例えば、人間や犬の消化酵素はにんじんやかぼちゃなどに含まれる「β-カロテン」という栄養素から「ビタミンA」を作り出すことができますが、猫は変換できません。そのため、ビタミンAを摂るためには、必要な量の肉を食べなくてはいけません。このように猫特有の必須栄養素は不足しないよう、次の【主な栄養素の一覧】を確認しましょう。

主な栄養素の一覧

猫の健康維持に必要な栄養素とその効果、含まれる食材の一覧です。手作りごはんだけでなく、市販のフードやサプリの選び方にも役立ちます。色がついている栄養素は、猫の必須栄養素です。

栄養素名	効果・役割	主な食材
たんぱく質	血液や筋肉などの体を作る。生体反応のサポート。	肉類・魚類・豆類
ビタミンA	皮膚や粘膜の健康を維持する。免疫力を上げる。	レバー類
ビタミンE	抗酸化作用で脂質の酸化を防ぎ、動脈硬化や血栓を予防する。	卵、かぼちゃ、オリーブオイル
ビタミンB1	糖質をエネルギーに変換。皮膚や粘膜の健康を維持する。	レバー類、卵
ビタミンB2	糖質、脂質、たんぱく質の代謝。皮膚や毛、爪の再生。	レバー類、卵
カルシウム	骨や歯などを作る。筋肉収縮、神経興奮の抑制もサポート。	小魚類、牛乳
リン	骨や歯などを作る。代謝のサポートや、心臓、腎臓機能を維持する。	小魚類、カツオ節
ナトリウム	体内の水分やミネラルのバランスを保つ。筋肉や神経、血圧も調節。	塩、しょうゆ、みそ
マグネシウム	酵素のはたらきをサポートし、エネルギーや栄養素の生産に関わる。	肉類（とくに鶏肉）
コバルト	血液中の赤血球やヘモグロビンの生成時に鉄の吸収を促進する。	肉類（とくに鶏肉）
銅	鉄の吸収・貯蔵をサポート。骨髄でヘモグロビンの生産に関わる。	レバー類、桜エビ
鉄	血液中の赤血球を作る。不足すると貧血になる。	肉類（とくに赤身部分）、マグロ
ヨウ素	甲状腺ホルモンの合成に関わり、新陳代謝を促す。	海藻類
カリウム	ナトリウムと相互に作用し、体内の細胞の浸透圧や水分を調整する。	肉類・魚類
マンガン	骨や歯を作るほか、糖質や脂質の代謝をサポートする。	のり
亜鉛	酵素の活性化、ホルモンの合成や分泌を調整し、免疫反応に関わる。	レバー類
タウリン	消化管のコレステロールの吸収を調整し、インスリン分泌にも関わる。	魚介類
メチオニン	肝機能を高めるほか、アレルギーの原因となるヒスタミンを抑える。	肉類（とくに鶏肉）
ビタミンB6	免疫機能の維持、皮膚や毛を強くする。脂質の代謝にも関わる。	魚介類（とくにサケ）
ビタミンB12	アミノ酸や脂肪酸の代謝に関わるほか、骨髄で赤血球を作る。	レバー類
ビタミンC	毛細血管や歯を維持するほか、免疫力を上げてかぜを予防する。	ブロッコリー、ピーマン
ビタミンD	カルシウムのバランスを整え、骨や歯の健康を保つ。	内臓類、カツオ
ビタミンK	血液を凝固させるほか、骨質を改善し骨粗しょう症を予防する。	緑葉野菜、海藻類
コリン	細胞膜や神経組織の材料。血圧を下げる、肝機能を高める効果がある。	牛レバー
ナイアシン	脂質や糖質を分解し、エネルギーを作るほか、神経症状を防ぐ。	マグロ、カツオ、レバー類
パントテン酸	エネルギー代謝や副腎皮質ホルモンの生産に関わる。	卵
ビオチン	皮膚や粘膜の免疫を高め、爪や毛の健康を維持する。	きのこ類
葉酸	赤血球の生産や代謝に関わる。細胞の生産や再生をサポートする。	レバー類、海藻類
食物繊維	猫には消化できない栄養素だが、腸内環境を整える効果がある。	野菜類
イソロイシン	肝機能の強化、血管拡張作用、筋肉強化のほか神経機能をサポート。	カツオ節、豆類
リジン	たんぱく質を作る。カルシウムの吸収促進や肝機能を強化する。	肉類
アルギニン	脂肪の代謝を促し、筋肉組織を強化する。疲労回復、免疫力向上にも。	肉類

食べられる食材

猫の体は肉や魚を消化することに特化していますが、そのほかの食材が食べられないわけではありません。食べ方に工夫が必要というだけで、猫は人間のようにいろいろな食材を食べることができます。

肉類 | 猫の主食となる動物性食材。たんぱく質のほか、猫の必須栄養素であるアラキドン酸が含まれる。猫によって好む種類や部位が異なるため、いろいろと試してみよう。

✓ **鶏肉** 　牛肉や豚肉にくらべて安価で使いやすく、低カロリーな食材のためダイエット食にも最適。部位によって味や食感が大きく異なる。

むね肉
首から下の胸あたりの部位。脂肪が少なく、たんぱく質が多いのが特徴。食感はやわらかく、味は淡白。

もも肉
足のつけ根から先の部位。ほどよく脂肪がのっており、コクのある味。筋肉が多いため弾力のある食感。

ささみ
高たんぱく低カロリーなためダイエットに向いている。食感がやわらかく、さまざまな料理に使いやすい。

レバー
肝臓の部位。ビタミンAや鉄分が豊富。内臓特有の香りが強いためか、猫が好みやすい傾向にある。

手羽先
翼の先の部分。肉の部分は少ないが脂肪やゼラチン質が豊富。骨からは香りの強いだしが取れる。

砂肝
胃の筋肉（砂嚢）の部位。コリッとしたかたい食感で、脂肪はほとんどなく高たんぱく。ビタミン類や亜鉛も豊富。

✓ **豚肉** 　鶏肉や牛肉には少ないビタミンB1が豊富な食材。疲労回復やスタミナ増強の効果がある。不飽和脂肪酸も豊富。

バラ肉
おなかの部位。脂肪と赤身が交互に層になっており、カロリーは高め。かための肉質で、煮込み料理が最適。

ロース肉
胸から腰の部分にかけて背中側の部位。きめが細かくやわらかい。皮膚や粘膜を維持するビタミンB6が豊富。

もも肉
尻の周囲の部位。筋肉質な赤みの部分で、脂肪分が少なく高たんぱく。食感はやわらかい。カリウムが豊富。

ヒレ肉
ロースの内側にある部位。ロースより脂質が少なくやわらかい。脂肪燃焼効果のあるL-カルニチンが豊富。

レバー
肝臓の部位。たんぱく質や鉄分の含有量が鶏肉や牛肉のレバーよりも多く、低脂肪。弾力のある食感。

タン
舌の部位。栄養価が高く、ビタミンA、ビタミンB2、鉄、タウリンなどが豊富。歯応えのある食感。

☑ **牛肉** 良質なたんぱく質や鉄分のほか、ナトリウムやカリウムなどのミネラルも多い。
香りが強く、猫に好かれる傾向がある。

バラ肉（カルビ）

あばら周辺の部位。脂肪と赤身の層があり濃厚な味と香りがある。たんぱく質はほかの部位に比べて少なめ。

ロース肉

胸から腰の部分にかけて背中側の部位。赤身部分が多く、脂肪やスジが比較的多い。高たんぱくで亜鉛が豊富。

もも肉

足のつけ根の部位。脂肪が少ない赤身が特徴で、やわらかい食感。ビタミン B_{12} やナイアシンが豊富。

ヒレ肉

サーロイン（腰側の背骨の上）の内側にある部位。牛肉の部位で最もやわらかい食感で、脂身が少ないのが特徴。

レバー

肝臓の部位。クセのある香りが特徴。ビタミン B_{12} やビタミンA、鉄分を大量に含み栄養価が高い。

タン

豚タンより脂肪分が多いため、食べすぎに注意。かための食感が特徴。ビタミン B_2 のほかナイアシンが豊富。

その他の食材 ●羊肉 ●鹿肉 ●馬肉 ●猪肉 ●兎肉 など

カット不要の便利肉食品

スーパーマーケットなどの食品売り場には、肉類を使いやすいように加工した
便利な食材が市販されています。こうした食材を上手に活用しましょう。

ひき肉

ミンサーで細かく挽いた肉のことで、挽いた粗さによって、粗挽き、細挽き、二度挽きに分れる。肩肉やすね肉などが使われることが多く、安価で使い勝手のよい食材。

ささみの缶詰

ダイエット食である鶏ささみをフレークにした缶詰で、下処理の必要なく使用することができる。塩分が気になる場合は、無塩のものを選ぶようにしよう。

こま切れ肉

肉の加工過程で出た半端なサイズの部分をひとまとめにしたパック。もも肉やバラ肉などいろいろな部位の肉がひと口サイズで入っているため、包丁で細かく切る必要がない。

**卵も重要な
たんぱく源**

良質な動物性たんぱく質が豊富で、栄養価が高い食材。基本的には生で与えても問題ないが、体質によってはアレルギー反応を起こす可能性があるため、心配な場合は加熱してから与えよう。

魚介類

肉と同じくたんぱく源となる食材。DHAやEPA、タウリンなどの栄養素を含むほか、高たんぱく低カロリーのためダイエットにも最適。小骨は与える前に取り除くようにしよう。

マグロ

良質なたんぱく質が豊富で、タウリンやビタミンB₆を含む。赤身は脂質も少なく、猫のごはんの定番食材。

サケ

血流をよくするビタミンEや、カルシウムの吸収を助けるビタミンDが多い。塩分の高い塩ザケは避けよう。

カツオ

DHAとEPAを多く含む。また、貧血を予防する鉄分やビタミンB群も豊富。香りがあり猫が好みやすい。

タラ

魚のなかでも脂肪が少なくヘルシーで、ダイエットにもおすすめ。必須アミノ酸とミネラル類が豊富。

タイ

低カロリーなうえ栄養価が高い食材。肝機能を助けるタウリンや、抗酸化作用があるアスタキサンチンを含む。

サンマ

鉄分のほか、免疫を強化するビタミンAや、カルシウム、ビタミンDなどが豊富。小骨が多いので注意。

サバ

EPAやDHAなどが豊富。また、ビタミンB₁₂やビタミンDを多く含む。猫が好む風味や香りが強い。

ブリ

良質なたんぱく質のほか、疲労回復効果があるタウリンや余分な塩分を排出するカリウムが豊富。

アジ

リジンやタウリンなどの必須アミノ酸のほか、骨や歯を作るカルシウムが多く含まれている。小骨に注意。

ホタテ

疲労回復効果のあるビタミン類やタウリンのほか、亜鉛や葉酸などの栄養素を摂取できる。独特の香りやうまみが強い。必ず加熱して与える。

その他の食材

●イワシ ●ヒラメ ●カレイ ●ウナギ
●カニ（加熱）●アサリなど

すぐに使える缶詰食品

時短調理に最適な便利食材。水煮缶やノンオイルを使おう。

サバ缶

青魚が含むDHAやEPAが豊富なうえ、骨までやわらかくして食べられるようになっているので、カルシウムも摂取できる栄養価の高い食品。味つけがされていない水煮缶を選ぼう。

ツナ缶

たんぱく質が豊富で、ナトリウムやリン、マグネシウムなどの栄養がバランスよく含まれている食材。油分が気になる場合は、油をしぼってから使うか、ノンオイルのものを選ぼう。

にんじん

高血圧を予防するカリウムやナイアシンが豊富。加熱すると甘い香りがし、野菜に不慣れな猫にもよい。

大根

ペルオキシダーゼやジアスターゼなどの酵素が含まれ、胃腸を整える効果がある。水分量が多く、低カロリー。

じゃがいも

消化しやすい性質の食物繊維と、加熱しても壊れにくいビタミンCが豊富。鉄分、マグネシウムなども含む。

キャベツ

胃や十二指腸を整える効果があるビタミンUを含む。食物繊維も豊富で便秘を予防する。

小松菜

鉄分とカルシウムのほか、抗酸化作用のあるビタミンCが豊富。シュウ酸が少なく、ほうれん草の代用も可能。

きゅうり

約95％が水分なため、水分摂取に効果的。カロリーが低く、塩分を排出するカリウムを多く含む。

ピーマン

血管を強化するビタミンPや血中コレステロールを減らすクロロフィル、抗酸化作用があるカプサンチンが豊富。

ナス

水分とカリウムが豊富で利尿効果が期待できる。また、皮の色素成分のナスニンには強い抗酸化作用がある。

かぼちゃ

ビタミンEやビタミンC、ビタミンK、カリウムなどの栄養に優れる。加熱すると猫が好む甘い香りが立つ。

トマト

皮の色素に抗酸化作用があるリコピンが含まれている。加熱すると酸味がなくなり、甘い香りが立つ。

ブロッコリー

レモンよりもビタミンCの含有量が多く、ビタミンE、葉酸、などを含む。食感がよく、猫が好む食材。

ぶなしめじ

食物繊維が豊富で胃腸を整える効果があるほか、カルシウムの吸収を助けるビタミンDや、ミネラル類が多い。

わかめ

海の野菜と呼ばれる海藻類は、ミネラルやビタミンが豊富。わかめには骨や歯を形成するマグネシウムが多い。

その他の食材

●白菜 ●ほうれん草 ●ごぼう ●れんこん
●しいたけ ●えのき

白米

ミネラル類や食物繊維を含む。生米は消化しにくいため、必ず炊いてやわらかくしたものを与えよう。

パン

やわらかい食感と甘く香ばしい香りが好きな猫も多い。シンプルな食パンなどを与えよう。菓子パンや惣菜パンはNG。

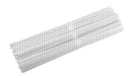

うどん

よく煮込みやわらかくしてから、猫がひと口で飲み込める長さに切って与えよう。人間用のつゆはかけない。

パスタ

よく煮込みやわらかくしてから、猫がひと口で飲み込める長さに切って与えよう。人間用のソースはかけない。

猫に炭水化物は必要？

脳や体を動かすエネルギー源となる炭水化物は、人間にとっては必須の栄養素。しかし、猫は炭水化物を消化吸収する能力が低く、代わりにたんぱく質と脂質のみから十分なエネルギーを得ることができます。

そのため、猫に炭水化物は不要といわれることもあります。

しかし、実際には、肉食だけでは不足しがちなビタミン類や食物繊維が豊富な食べ物。お通じが気になるときなどに、食べさせてあげるとよいでしょう。ただし、アレルギー体質の猫もいるので、様子を見ながら与えてください。

酢

疲労回復効果があるクエン酸と腸内環境を整える酢酸が豊富。果物酢など種類がある。少量を垂らして使う。

カツオ節

動物性たんぱく質や、リン、カリウム、ビタミンDなど栄養価が高い。トッピング食材としても使いやすい。

昆布

ミネラル類のほか、甲状腺のはたらきを整えるヨウ素が豊富。やわらかく煮てからひと口にちぎって与える。

煮干し

カルシウムやマグネシウムのほかDHA、EPAなどを含み栄養価が高い。だし汁を取ることもできる。

しらす

カルシウムやミネラル類のほか、血栓症を予防するセレンが豊富。与える前に下茹でして塩抜きをしよう。

桜エビ

目の疲労に効果があるアスタキサンチンを含む。カルシウムも豊富。アレルギーがある猫もいるので注意。

豆腐

高たんぱく低カロリーな食品で、原材料の大豆よりも消化しやすい。動脈硬化を予防するイソフラボンを含む。

みそ

必須アミノ酸のほかミネラル類が豊富な食品。栄養価が高いが塩分も高めのため、香りづけ程度に利用しよう。

おから

豆腐を製造する過程でできる食品で、栄養価が高い。カロリーが低く、たんぱく質と食物繊維が豊富。

牛乳

カルシウムやミネラル、ビタミン類が豊富。猫が消化しにくい乳糖が含まれているが、基本的に少量なら問題ない。

チーズ

カルシウムや乳酸菌、たんぱく質を多く含む。高カロリーのため与え方に注意。香りが強く猫が好む傾向にある。

ヨーグルト

整腸作用がある乳酸菌が豊富で、お通じの改善に効果的な食品。肥満が気になる場合は無糖のものを選ぼう。

ゼラチン

カロリーが低い高たんぱく質食品で、消化もしやすい。口どけがよい食感で、猫が好む傾向にある。

片栗粉

ごはんに猫が好むとろみをつける食品。喉ごしがよく高カロリーなため、シニア猫の介護食にも利用できる。

のり

たんぱく質と食物繊維、ビタミン類、ミネラル類が凝縮された食材。パリッとした食感を好む猫も多い。

植物油

香りにクセが少ない油で主に調理に使用。食材を炒めることで、脂溶性ビタミンの吸収をよくする効果がある。

オリーブオイル

抗酸化作用があるポリフェノールが豊富。胃腸のはたらきを活性化させる作用があり、便秘にも効果的。

ごま油

香りが強く猫が好む傾向にある。コレステロール値を抑えるリノール酸が豊富で、高血圧の予防が期待できる。

注意したい NG食材

人間には問題ない食べ物も、猫にとっては危険な場合があります。また、少量なら問題なくても、過剰に摂取することで健康を害してしまうことも……。安全のためにしっかりと確認しましょう。

※中毒症状は摂取した量や猫の体調、体質によっても異なるため、異常がある場合は動物病院に問い合わせてください。

⚠ 強い中毒症状を起こす危険性がある

ねぎ類

長ねぎ、玉ねぎ、にら、らっきょうなどのねぎ類に含まれる「アリルプロピルジスルファイド」という成分が、猫の血液中にある赤血球を破壊し、溶血性貧血を引き起こす。呼吸困難や嘔吐などの症状があり、重篤化すると死に至るケースも。この成分は加熱しても破壊されないため、煮汁やスープにも要注意。

チョコレート

脳や体を興奮状態にさせる「テオブロミン」という物質が含まれる。猫はこの成分を分解する酵素を持たないため体調が悪化し、下痢や嘔吐のほか排尿障害、筋肉の痙攣などを起こす、重篤化するとショック状態や急性心不全を起こす可能性も。また、中毒症状を起こす可能性のあるカフェインも含まれている。

アボカド

「ペルシン」という強い毒素が含まれている。人間にとっては無害な成分だが、猫を含む人間以外の動物には有毒である。摂取すると重い中毒症状を起こし、下痢や嘔吐、呼吸困難、痙攣などの症状が出る。摂取量によっては命に関わることもあるため、与えないようにしよう。

ブドウ・レーズン

猫の腎機能にダメージを与える「ブドウ中毒」を引き起こす。症状は下痢や嘔吐、腹痛のほか、体の震えや呼吸促迫があり、重篤化すると死につながる可能性も。中毒の原因物質は判明していないが、ブドウやレーズン、マスカットなどに含まれているとされている。果汁などを使った加工食品にも注意が必要。

イチジク

「フィカイン」というたんぱく質を分解する成分が含まれており、猫が摂取すると口内の粘膜を傷つける可能性がある。また、「フラノクマリン」という、皮膚に炎症を起こす成分も含まれ、口にしなくても、触れることで皮膚に炎症を起こす可能性もあるので注意。この成分はグレープフルーツなどにも含まれる。

アンズ・モモの種

アンズやモモなどのバラ科の植物の種や未熟な果実には「アミグダリン」という有害物質が含まれる。頭痛やめまい、嘔吐などの中毒症状を起こし、重篤化すると呼吸困難に陥り命に関わるケースも。未熟な果実を食べることはあまりないだろうが、種を誤飲させないように注意するように。

アルコール

猫は人間と異なりアルコールを分解する酵素を持たないため、長期間体内に留まり中毒を起こす可能性がある。嘔吐や体の震え、意識障害などの症状のほか、悪化すると心肺機能に深刻なダメージを与える場合も。アルコール消毒液など舐めてしまうことがあるので、飼い主が使用する際には注意を。

カフェイン

カフェインは興奮作用がある成分で、コーヒーやココアなどに含まれる。猫はカフェインを体内で分解する酵素を持たないため、少量でも中毒症状を起こし、不整脈や痙攣、興奮、うっ血や出血などを起こす可能性がある。お茶やコーラなどにも含まれるので猫に与えないようにしよう。

中毒症状があるが軽度なことが多い

唐辛子

辛味成分である「カプサイシン」は強い刺激臭があるため、嫌がる猫が多い。食べてしまった場合は胃が荒れ、消化不良を起こす可能性がある。下痢を起こした場合は、体内の毒素をすべて出し切る必要があるため、下痢止めは使用せずに様子を見よう。下痢による脱水症状には注意を。

じゃがいもの芽

じゃがいもを放置していると、生えることがある芽には、神経に作用する「ソラニン」という毒素が含まれるため注意を。人間にとっても有毒で、吐き気や下痢、めまいなどの中毒症状が現れる。猫が盗み食いをしないよう、飼い主は食材の管理はしっかりするようにしよう。

常食することで健康被害の可能性がある

人間用の食べ物

人間用に味つけされた惣菜やパン、おにぎり、お菓子類などは、猫にとって高カロリーなうえ、塩分過多になるため与えるのはNG。日常的に与えていると、肥満や糖尿病、高血圧などの原因になる。また、猫にとって有害な成分が含まれている可能性もあるので、欲しがっても与えないように。

ナッツ類

ピーナッツやアーモンドなどは高カロリーなうえに猫が消化しにくい食物繊維が多く、肥満や消化不良の原因になる。与える際には、殻を取り除き、少量を細かく砕くように。また、マカデミアナッツは犬が中毒症状を起こした記録がある。猫も安全とはいえないので避けよう。

大量摂取に注意

健康効果のある食材も、過剰に与えると健康を損なうことがあります。
しかし、毎日同じ食材を与え続けるのでなければ、問題ありません。

青魚を食べさせると黄色脂肪症になる？

黄色脂肪症とは、ビタミンEの欠乏によって体の脂肪が黄色くなり炎症が起こる病気。青魚に含まれる不飽和脂肪酸を分解する際にビタミンEを大量に消費するため、このようにいわれることがあるが、それは、ビタミンEを含む食材を摂らずに、魚100％の食事を毎日続けた場合の話。漁港の野良猫などと違い、各家庭で毎日バランスのよい食事を与えていれば、基本的にその心配はない。

生卵を食べさせるとビタミンが欠乏する？

ビタミンB群の1種である「ビオチン」には、猫の毛ヅヤや神経を整える効果がある。生の卵白に含まれる「アビジン」という酵素が、ビオチンと結合して体外に排出してしまうため、ビオチンが欠乏する、という話がある。しかし、それは卵を大量に摂取した場合で、1日に1個程度であれば問題ない。気になる場合には、加熱することで、アビジンのはたらきを抑えることができる。

シュウ酸を含んだ野菜で尿路結石になる？

尿路結石は尿道に結石ができ腎機能に障害を起こす病気で、ほうれん草などの野菜に含まれるアク（シュウ酸）が原因のひとつとされている。しかし、シュウ酸は水に溶ける性質があるため、茹でてしっかりとアクを抜けば、ただちに尿路結石につながるということはない。積極的に摂るものではないが、過剰に心配する必要はないだろう。

※尿路結石を患っている場合には、獣医師と相談しながらシュウ酸の少ない食材を選ぼう。

PART 2

食事の好みの探し方

せっかく手作りごはんを作っても、猫が食べてくれなかったら
意味がありません。しかし、市販のフードだけを食べてきた猫に、
いきなり手作りごはんを与えても、猫がとまどってしまうこと
があります。猫が好む食べ物のポイントや基準を押さえましょう。

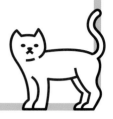

猫 は 警 戒 心 の 強 い 生 き 物

猫の個性にもよりますが、成猫になってから手作りごはんをはじめると、なかなか食べて
もらえないことが多いです。その理由に、猫は生後6ヶ月以降に目にしたものは「食べ物」
と認識しない、という習性があります。これは、母猫が「食べ物」と教えていない、知ら
ないものは食べないという、自然界で生き残るためにはごく当たり前の行為なのです。

生後6ヶ月までに口にしたものは、食
べ物と認識する。一度、食べ物と認識
すると、生涯それを抵抗なく食べるこ
とができる。

生後6ヶ月以降に見るものは、食べ物
と認識しない。目の前に出されてもお
もちゃと思って遊んだり、得体のしれ
ないものとして警戒したりする。

(根気よく続ける飼い主の気持ちが大切
猫が食べなくても甘やかさない姿勢で!)

成猫の場合、最初のひと口を食べてもらえるまで、長期戦の心づもりでいてください。猫がはじめて
見るものに対して慎重になるのは当然の反応です。焦らずに猫のペースに合わせてあげましょう。
ただし、出した食事を食べないからといって、ほかの食事を出すのはNGです。「これを食べないの
であれば、次の時間までごはんはない」と強気の姿勢でいましょう。そうしないと、猫は「ごねれば
なんとかなる」と学習してしまいます。また、「ごはんを食べないと脂肪肝になる」と不安に思う飼い
主さんもいますが、それは極度な肥満の猫の場合です。通常の猫の場合は、まずその心配はいりません。

猫は味覚ではなく嗅覚で味わう

猫の舌は味覚が鈍く、あまり味を感じません。代わりに発達した嗅覚で味を判別します。
そのため、猫がごはんをおいしいと感じるポイントはまず「香り」、次に舌触りなどの「食感」、
最後にかすかに感じる「味」となります。警戒心の強い猫が市販のフードを食べること
ができるのは、フードに猫の食欲を刺激する香りづけがされているためです。

猫の食事に対する優先度

優先度 1

香り

猫は人間の約数万倍～数
十万倍も優れた嗅覚を持っ
ています。これは、自然界で
生き抜くために、食べられる
ものと食べられないものを
香りで判別する必要があっ
たためと考えられており、そ
のためか猫の食欲にも大き
く影響しています。

POINT

個体差もありますが、野菜＜魚
＜肉の順で香りを好む場合が多
いようです。調理法によっても
香りの立ち方が変わるようで、焼
いたり炒めたりすると香りが強
くなり、猫の食欲を刺激するこ
とができます。茹でた場合には、
香りが食材から茹で汁に移って
しまうためか、焼いたときよりも
関心が薄くなる傾向にあります。

優先度 2

食感

食材の舌触りやかんだとき
の食感も、猫にとっては重
要なポイント。かたい食感
ややわらかい食感、ざらざら
とした食感やなめらかな食
感など、猫の好みを見極め
ましょう。猫の好きな食材
を選ぶことで手作りごはん
に興味を持ってもらえます。

POINT

同じ食材でも、切り方によっても
好みがあるようです。いろいろ
なサイズや形の切り方を試して
みましょう。また、猫はとろみの
ある食感を好む傾向にあります。
片栗粉や葛で作ったあんを、ご
はんにかけてあげるのも効果的。
猫が市販のフードで、ドライタイ
プよりもウエットタイプを好むの
は、このためです。

優先度 3

味つけ

舌には味蕾と呼ばれる味を
感じる器官があり、人間に
は約1万個あるといわれて
いますが、猫には約500個
しかありません。「苦味」「酸
味」「塩味」の3つしか味を
感じることができないため、
猫はあまり味を重要視しな
いのです。

POINT

雑食性の強い犬は「甘み」を強く
感じることができますが、肉食
性である猫は甘みを感じること
ができません。そのため、犬にく
らべて人間用のお菓子などには
興味を示さない傾向にあります。
ただし、苦味は不快に感じるらし
く、基本的に好みません。薬
などを嫌がるのは、苦い味がす
るからだと考えられます。

小皿テストをしよう

猫の食の好みを把握するために役立つのが、小皿テストです。いろいろな種類の野菜や肉、魚などの食材を小さく切ったものを小皿にのせて、猫の前に置いてみましょう。そのときに猫が興味を持った食材を献立の中心にすることで、猫がごはんだと認識しやすくなります。最初は警戒することもあるので、観察期間は一週間程度で見てみましょう。

STEP
1

いろいろな食材を試そう

肉、魚、野菜とそれぞれのグループに分けて小皿テストを行い、猫の好みの食材を見つけます。一般的に肉を好む傾向にあるため、野菜の好みを見つけたいときには、野菜に絞ってテストをしましょう。

猫が食べられる食材をたくさん見つけてあげよう

猫が食べてくれる食材を見つけられれば、手作りごはんの幅がグッと広がります。同じ食材でも部位によって好き嫌いがあるので、肉類ならむね肉、もも肉、内臓などに分けてみて、どの部位に一番食いつきがよいかを調べてもいいでしょう。ただ、猫には「食べ飽き」という習性があり、ずっと食べていたものに飽きて食べなくなることがあります。そのため、食べられる食材をできるだけたくさん見つけることが大切です。

(切り方で食感を変えてみよう)

同じ食材でも切るサイズや形によって舌触りや食感が変わります。
飲み込みやすいのは1cm角程度ですが、猫が無理なく食べられるようなら、
それより大きいサイズでも大丈夫です。細かく刻んだり、すりおろしたりしてもいいでしょう。

大カット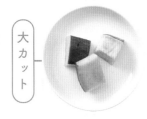
小カット
ペースト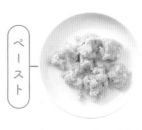

STEP **2** 食材を
加熱してみよう

食材は煮たり焼いたりすることで食感がやわらかく変化し、香りが立つため、猫の食いつきがよくなります。生のときは食べなかったのに焼いたら食べた、ということもあるのでいろいろな調理法を試しましょう。

煮るのと
焼くのは
どっちが人気？

猫によって、食材を焼いたほうが好き、煮たほうが好きなど、好みが分かれるようです。煮たほうが消化にはよいのですが、焼いたほうが香りが立つためか、食いつきがよい傾向にあります。また、茹でると香りが煮汁に移ってしまうため、焼いたほうが好まれることが多いようです。もちろん、生のほうが好みという場合もあります。焼き加減などにもこだわりがあるようなので、それぞれの猫が好きな調理法を見つけてあげましょう。

STEP **3** ほかの食材と
混ぜてみよう

猫が食べられない食べ物も、好きな食べ物と組み合わせることで食べることがあります。慣れてきたら、もともと嫌いだった食材単体でも食べられるようになることがあります。いろいろな組み合わせを試しましょう。

スキな食べ物

＋

キライな
食べ物

＝

食べられるかも

嫌いな食材でも
ひと工夫で
おいしくしよう

食べられる食材と組み合わせたからといって、必ず食べられるようになるわけではありません。混ぜた瞬間に興味を失ってしまったり、好きなものだけを食べて嫌いなものを残してしまったりということもあります。無理に食べさせる必要はありませんが、栄養が偏るのは避けたいところ。必要な栄養素がある食材の場合はミキサーにかけてスープ状にしたり、細かく刻んで肉団子に混ぜるなど工夫して与えましょう。

23

手作りごはんに移行しよう

小皿テストで猫の好きな食材が見つかったら、本格的に手作りごはんへの移行を始めましょう。移行期間は20日を目安にして「トッピング期間」「切り替え期間」「完全移行」の3つのステップで、慣れない食事への警戒心を解きます。市販のフードを食べていた成猫の場合、20日より時間がかかる可能性がありますが、猫のペースに合わせて進めましょう。

STEP

☑ トッピング期間

猫を食材に慣れさせるところから始めます。食べ慣れた市販のフードの上に小皿テストで見つけた猫の好きな食材をのせ、猫の興味を引きましょう。徐々にトッピングの量を増やしていき、その分のフードの量を減らしていきます。トッピングだけ食べてしまうようなら、フード全体に混ぜるようにします。

STEP

☑ 切り替え期間

トッピングからその食材を中心にした手作りごはんに変えましょう。市販のフードと手作りごはんとの割合を5：5にし、徐々に手作りごはんの割合を増やしていきます。フードとごはんはよく混ぜてから与えましょう。慣れてきたら、1日2食のどちらか片方を完全に手作りごはんにしてみましょう。食べないときは、ほかの食べ物は与えないという毅然とした態度でのぞむことが肝心です。

STEP

☑ 完全移行

市販のフードの割合を0にし、手作りごはんの割合を100％にします。小皿テストの代わりに、猫が食べる手作りごはんに新しい食材をトッピングして試してみてもいいでしょう。はじめての食材はアレルギーがないか、様子を見ながら与えます。午前中のごはんで与えれば、アレルギー反応があった場合に動物病院で対応できます。

20日間プログラム表

	日数	割合（市販フード:手作り）	ポイント
トッピング期間	1〜2日	9:1	消化のしやすい肉や魚を細かく切ってトッピングしましょう。ひき肉やペースト状から始めるのがおすすめです。
	3〜4日	8:2	
	5〜6日	7:3	やわらかく茹でた野菜を細かく切ってトッピングしましょう。慣れてきたらいろいろな茹で具合や、切る大きさを試しましょう。
	7〜8日	6:4	
切り替え期間	9〜10日	5:5	トッピングから手作りごはんに変えましょう。スープや、穀物をやわらかく煮たおじやなども混ぜます。
	11〜12日	4:6	
	13〜14日	3:7	手作りごはんの割合が多くなります。猫の性格によっては、この期間になかなか食べない時期が続く場合も。
	15〜16日	2:8	
完全移行	17〜18日	1:9	手作りごはんに完全移行します。卵やパスタなど、いろいろな食材も試してみましょう。
	19〜20日	0:10	

下痢や軟便は気にしなくていい？

手作りごはんへの切り替え期に、猫のおなかがゆるくなり、下痢や軟便をすることがあります。これは食べ物の変化によって腸内環境が変わったことと、今まで市販のドライフードで水分不足気味だった猫が、トッピングや手作りごはんによって摂取する水分量が増えたことで、体内の老廃物を排出し始めたためです。大抵の場合は数日程度でおさまるため、気にする必要はありません。長く続くようでしたらほかの原因が考えられるため、獣医師の診察を受けましょう。

PART 3 手作りごはんの基本

猫の食性や体の仕組み、食べられる食材が確認できたら、次は手作りごはんを作るための基本知識を押さえましょう。使用する食材の割合や量、回数のほか、簡単な調理の流れなどを把握します。

食材の割合の目安を知ろう

猫のごはんは肉類:野菜類:穀類＝7:2:1の割合を基準にしましょう。完全肉食動物である猫の主食は動物性たんぱく質です。そのため、ごはんのメインは肉類・魚類にし、野菜や穀類で栄養素や食物繊維を補います。穀類の消化が苦手な場合には、野菜類を3割にしても構いません。この割合はあくまで目安のため、自分の猫の様子を見て、調整します。

穀類をなくし、
野菜類を
3割にしても可

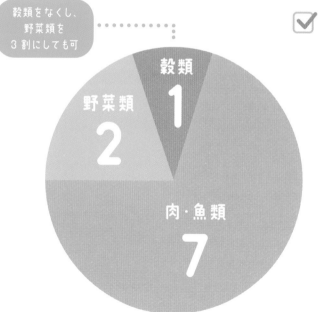

穀類 1
野菜類 2
肉・魚類 7

☑ 穀類の食物繊維で腸内を整える

「猫は穀類の糖分を分解して、エネルギーに変換できないので食べさせる必要はない・またはNG」という説があります。確かに猫にとって穀類は必須ではありませんが、あえてごはんに穀類を混ぜるのは、そこに含まれる食物繊維を摂取させるためです。肉類には含まれない食物繊維には、腸内環境を整えて、お通じを促す効果があります。穀類は食べさせると健康を害するという食べ物ではありませんので、必要に応じて食べさせてあげましょう。

汁気を足して水分摂取を促そう

猫は水分不足になりやすい動物。手作りごはんの野菜類からでも水分を摂ることができますが、さらに水やスープを足してもかまいません。猫が水をあまり飲んでないようでしたら、ごはんに少し水気をプラスしてあげましょう。

ごはんの量と回数

市販のペットフードはパッケージを見れば与える分量の目安がわかりますが、手作りごはんの場合には飼い主が自分で調整してあげる必要があります。本書では体重4kgの成猫を基準にした量で計算していますが、成猫であれば違う体重であっても同様の量でかまいません。それぞれの家庭の猫の様子を見つつ、量や回数を調節してあげましょう。

1食分は
お玉2杯が目安

猫のごはんは1食70〜100gが基本で、だいたいお玉2杯分と同じくらいの量になります。ただし、品種や個体差によっては、少なかったり多かったりするので、体型を見つつ、量を調整してあげましょう。

成猫は
1日2食が目安

猫の食事は2回程度に分けてあげるとよいでしょう。ただし、個体差や体調にもよるため、2回以上に分けて与えても問題ありません。その場合には、1日分の食事の量を超えて与えないように注意しましょう。

生後2ヶ月〜1年の食事回数の目安

2〜4ヶ月

4回が目安

離乳期が終わった時期。細切りにした肉をメインにして、やわらかくした野菜など、ほかの食材も試しましょう。

4〜6ヶ月

3回が目安

この時期までに食べたものを「食べ物」と認識するようになる。いろいろな食材に挑戦しましょう。

6ヶ月〜1年

2回が目安

食べられる物や量が増え、体も成猫になる成長期。肥満に注意しつつ、食べられるだけ食べさせましょう。

調理の流れを確認

いよいよ猫のための手作りごはんに挑戦です。調理から給餌までの簡単な流れを確認しましょう。これから紹介する工程は、ほとんどのレシピに共通するもののため、事前に把握しておくとスムーズに作業を進めることができます。基本的には人間のごはんを作る工程と変わりませんが、材料を切るサイズや給餌するときの熱さに注意しましょう。

1 ☑ 食材を切る

猫はごはんを咀嚼せずに丸飲みにして食べます。のどに詰まったり消化器官の負担になったりしないように、あらかじめ細かく切ってあげましょう。8mm～1cm程度を目安に、猫の好みに合わせてあげます。

ADVICE

猫が苦手な食材は、みじん切りにしたり、すりおろしたり攪拌してペースト状にしたりして、ごはんに混ぜると食べてくれることがあります。

2 ☑ 調理する

レシピに沿って、材料を調理します。基本的に味つけはしませんが、香りを立てるためにだしを使うことも。野菜類や穀物はやわらかくなるまで加熱します。消化器官が弱い場合は、スプーンで潰せるかたさがよいでしょう。

3 ☑ あら熱を取る

調理を終えたら、やけどをしないように必ず人肌まで冷ましてから与えます。ごはんに指を入れて「ぬるい」「あたたかい」と感じられれば問題ありません。ただし、冷めすぎると食感や、香りが弱くなり、食欲を失う猫もいるようです。

4 ☑ 取り分ける

本書は一度で4食分が作れるレシピになっています。1食分ずつ取り分けて、すぐに食べない分は保存容器に入れて保存しましょう。2日以内に食べ切るようであれば冷蔵保存でも問題ありませんが、それ以上の場合は冷凍保存にしましょう。

5 ☑ よく混ぜる

本書のレシピ写真では、食材がわかりやすいように盛りつけていますが、猫に与えるときには全体をよくかき混ぜるようにしましょう。十分に混ざっていないと、猫が好きな食材だけ食べて、そのほかを残してしまうことがあります。

手作りごはんに便利なアイテム

猫のための手作りごはんを調理するときに、あると便利な器具を紹介します。猫のごはんは人間のごはんよりも材料を細かく切らなくてはいけないため、手間がかかるように見えますが、ちょっとした工夫をするだけで、簡単に食材の下ごしらえをすることができます。特別な道具や技術は必要なく、ご家庭のキッチンにある道具で十分です。

ミキサー

食材を液体状に攪拌し、猫が水分を摂取するためのスープやジュースを作ることができる。

フードプロセッサー

食材を簡単に細かく刻んだり、ペースト状にしたりできる。すり身を作るのにも便利。

スライサー

野菜を薄くスライスすることができる。薄くした食感が好きな猫のごはんにおすすめ。

おろし器

少量の食材をペースト状にするのに便利。苦手な食材をごはんに混ぜるときに活用。

キッチンバサミ

少量の食材を包丁を使わずに切ることができる。麺類などを切るのにも便利。

みそ漉し・茶漉し

細かく切った食材は、みそ漉しや茶漉しに入れてから茹でると、鍋の中で広がらない。

手作りごはん Q&A 1

Q

手作りごはんは保存できますか？

A

冷蔵で2日ほど保存できます。それ以上保存する場合は冷凍保存しましょう。

猫の手作りごはんは人間のごはんと異なり、塩やこしょうなどの調味料をほとんど使用しないため、あまり日持ちしません。作ってから2日以内に食べ切れないようであれば、保存容器に入れて冷凍保存をするようにしましょう。

Q

ごはんを冷凍保存すると、栄養素は損なわれますか？

A

少量しか損なわれないため、特別気にする必要はありません。

冷凍保存したごはんは、保存前と比べると栄養素が流出してしまいます。しかし、失われるといっても微々たる量でしかありません。作り置きで飼い主の負担を減らし、毎日手作りごはんを安定して与えるほうが大切です。

Q

猫に人間用のごはんを与えてもいいですか？

A

基本的に NG ですが、猫が食べられる加工食品もあります。

人間用の食べ物には、濃い味つけがされていたり、添加物が入っていたりするため、与えないようにしてください。ただし、豆腐や納豆、ヨーグルトなどの一部の加工食品には猫の健康によいものもあります。詳細はP17を参照してください。

Q

どうして猫には人間用に味つけしたものを与えてはいけないのですか？

A

猫にとって塩分や糖分が多すぎるためです。

人間は汗から塩分を体外に排出できますが、猫には汗腺がなく、汗をかくことができません。そのため、余分な塩分が体を循環し、内臓類にダメージを与えます。また、糖分を継続的に与えることで肥満や血糖値を上げる原因にもなります。

本書の見方

本書では猫の健康な生活を目指し、ごはんの作り方だけではなく、
食材に含まれる栄養素や、調理のコツ、保存方法などをレシピとともに紹介しています。

---

①

材料の分量

レシピの材料は体重4kg
の成猫（1日2食）の4食
分を基準にしています。

②

栄養POINT

食材に含まれている猫の
健康に役立つ栄養素と、そ
の効果を紹介しています。

③

POINT

料理を作るうえで押さえ
ておきたいポイントを、写
真つきで解説しています。

④

保存方法

調理後にごはんを保存する
のに適した容器や保存期間
について解説しています。

レシピの表示について

● 小さじ1は5mℓ、大さじ1は15mℓです。

● 火力に指定がない場合は中火です。

● 電子レンジの加熱時間は600Wを基準にしています。

盛りつけについて

料理写真は具材がわかりやすいように盛りつ
けています。与えるときには、全体をよく混ぜ
てから与えてください。食材の切り方は猫が
好む形やサイズに変更してもかまいません。

CHAPTER 2

がっつり
食べて満足
定番レシピ

具沢山で食べ応えのある手作りごはん。
ボリューミーながらも低カロリーで、
栄養バランスもよい食事です。

ガーリック バターチキン

ガーリックとバターの強い香りが猫の食欲をそそり、野菜もたっぷり摂れる一品。キャベツに含まれるビタミンUは、鶏肉と食べると効果がUPします。

材料 （体重4kgの成猫・4食分）

鶏むね肉	320g
キャベツ	葉2枚
いんげん	5本
しめじ	15g
ショートパスタ（茹でたもの）	40g
片栗粉	大さじ2
バター	5g
にんにく（粗びきドライ）	4振り
サラダ油	適宜

作り方

1. 鶏むね肉は1.5cm幅に切り、片栗粉をまぶす。
POINT

2. キャベツ、いんげん、しめじは粗みじん切りにする。

3. フライパンにサラダ油を熱し、**1**を入れて焼く。表面が焼けたら、**2**を加えて炒める。

4. バターとにんにく、茹でたショートパスタを加える。

5. 全体をよく混ぜながら炒める。

POINT

鶏むね肉は加熱する前にまんべんなく片栗粉をまぶすことで、しっとりとやわらかい仕上がりになる。

栄養POINT

少量のにんにくの効果で

免疫力上昇

にんにくは猫に大量に与えてしまうと中毒を起こす可能性がありますが、少量であれば抗酸化作用が期待できます。

保存容器		保存期間
保存袋		冷凍で1ヶ月

※ショートパスタと具材は分けて冷凍保存する。

RECIPE 02

鶏もも肉と
トマトの
パスタ

鶏もも肉を炒めた香りが豊かな
パスタ。加熱したトマトは酸味
がなくなり、口あたりもまろや
かになるので、生のトマトが苦
手な猫も食べやすくなります。

材料 （体重4kgの成猫・4食分）

鶏もも肉 ……………………………… 280g
トマト ………………………………… 1/5個
オクラ ………………………………… 4本
しめじ ………………………………… 1/2パック
パスタ（茹でたもの） ……………… 40g
サラダ油 ……………………………… 適宜

作り方

1. 鶏もも肉は1.5cm幅に切る。

2. トマト、オクラ、しめじは1cm幅に切る。

3. 茹でたパスタは食べやすい長さに切る。**POINT**

4. フライパンにサラダ油を熱し、鶏もも肉を入れて
   炒める。

5. 鶏もも肉の色が変わったら、**2**を加えて炒める。

6. パスタを加え、炒めながら全体を混ぜる。

POINT

パスタは長いままだと
猫ののどに詰まるおそ
れがある。キッチンバ
サミなどで短く切って
から与えよう。

保存容器		保存期間
コンテナ型		冷凍で3週間

栄養POINT

オクラのネバネバで
腸内環境改善

オクラ独特のネバネバには食物繊維
などの栄養が豊富。腸を整え便秘や
下痢を予防・改善します。生で食べさ
せても問題ありませんが、加熱した
ほうが猫が好みやすいようです。

豚肉とナスの
カツオ節煮

豚肉とナスをカツオ節でくたくたになるまで煮込んだメニュー。ごま油で炒めることで香りがいっそう強く立ち、食欲をかきたてます。

材料 （体重4kgの成猫・4食分）

豚こま切れ肉	250g
ナス	2本
しそ	4枚
しょうが	1片
カツオ節	6g
すりごま	適量
ごま油	大さじ1
だし汁	300㎖

栄養POINT

しそのさわやかな香りで

食欲促進

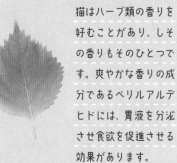

猫はハーブ類の香りを好むことがあり、しその香りもそのひとつです。爽やかな香りの成分であるペリルアルデヒドには、胃液を分泌させ食欲を促進させる効果があります。

作り方

1. 豚こま切れ肉は2cm幅に切る。ナスは半月切りにし、水にさらしておく。

2. しそは千切りにし、しょうがはみじん切りにする。

3. 鍋にごま油を熱し、しょうがを入れて炒める。**1**を加えて炒める。

4. 油が全体になじんだら、だし汁を加えて煮込む。**POINT**

5. 火が通ったらカツオ節を加え、ひと煮立ちさせる。

6. 器に盛りつけ、しそとすりごまを振りかける。

POINT

だし汁は猫の好みのものをまとめて作り、保存しておこう。市販の顆粒だしのほか、肉や野菜の茹で汁でもOK。

 保存容器　保存袋　 保存期間　冷凍で3週間

豚バラ肉と ぶなしめじの 炒め物

豚肉と卵でたんぱく質と脂質が
たっぷり摂れる栄養満点メ
ニューです。ぶなしめじはみじ
ん切りに変えてもOK。パラパ
ラとした食感になります。

材料 （体重4kgの成猫・4食分）

豚バラ肉（うす切り）…………… 100g
ぶなしめじ …………………… 1パック
ブロッコリー ………………………… 4房
卵 ………………………………………… 1個
サラダ油 ……………………………… 適宜

作り方

1. 豚バラ肉は2cm幅に切る。

2. ぶなしめじ、ブロッコリーは1cm幅に切る。

3. フライパンにサラダ油を熱し、豚バラ肉を入れて
   炒める。

4. 豚バラ肉の色が変わったら、2を加えて炒める。

5. 卵を割りほぐし、回し入れて炒める。 POINT

POINT
卵を大粒にしたいとき
は、ほかの具材をフライ
パンの端に寄せて、
空いたスペースに入れ
て炒める。

 保存容器
コンテナー型

 保存期間
冷凍で2週間

栄養POINT

ぶなしめじのビタミンDで
骨の健康を保つ

ビタミンDはカルシウムやリンの吸
収を促進する効果があり、油で炒める
ことで吸収力がUPします。猫には
必ず加熱処理をしてから与えます。

牛ひき肉と
ピーマンの
ボロネーゼ

猫が大好きな牛肉を使った、食いつき抜群の一品です。牛肉の香りが野菜にもしっかり絡みつくので、野菜が嫌いな猫でも食べやすいメニューです。

材料 （体重4kgの成猫・4食分）

牛ひき肉 ……………………………… 320g
ピーマン ……………………………… 1個
ズッキーニ ………………………… 1/8本
ごぼう …………………………………… 6cm
ショートパスタ（茹でたもの）……… 80g
トマトピューレ ……………… 大さじ2
オリーブオイル ……………………… 適宜
水 ……………………………………… 150㎖

作り方

1. ピーマンとズッキーニを1cm角に切る。ごぼうはすりおろす。

2. フライパンにオリーブオイルを熱し、牛ひき肉を炒める。**POINT**

3. 牛ひき肉に焼き色がついたら、**1**を加えて牛ひき肉をほぐしながら炒める。

4. トマトピューレと水を加え、水気がなくなるまで弱火で煮詰める。

5. 器に茹でたショートパスタを盛りつける。**4**を加え、よく混ぜる。

POINT

牛ひき肉はダマにならないように、焼く前によくほぐしておこう。切るようにほぐすのがコツ。

栄養POINT

ごぼうの水溶性食物繊維で
便秘解消

ごぼうに含まれる水溶性食物繊維（イヌリン）には、整腸作用と、血糖値の上昇を穏やかにする効果があります。

保存容器		保存期間
保存袋		冷凍で2週間

※ショートパスタと具材を分けて冷凍保存する。

RECIPE 06

牛レバーと彩り野菜のみそ炒め

みそとごまの風味で、レバーが苦手な猫も食べやすい一品。材料をまとめて炒めるだけなので、時間がないときも簡単に早く作れます。

材料 （体重4kgの成猫・4食分）

牛レバー	160g
牛こま切れ肉	160g
白菜	80g
パプリカ（赤・黄）	各1/4個
にんじん	20g
みそ	小さじ1
すりごま	少々
ごま油	適宜

作り方

1. 牛レバーは水洗いし、2cm幅に切る。牛乳（分量外）に浸して臭みを取る。**POINT**

2. 牛こま切れ肉は2cm幅に切る。

3. 白菜、パプリカ（赤・黄）は1.5cm幅に、にんじんは1.5cm角に切る。

4. フライパンにごま油を熱し、牛レバーと牛こま切れ肉を入れて炒める。

5. 4 に火が通ったら、3 の野菜を加えてしんなりするまで炒める。

6. みそ、すりごまを加えよく混ぜる。

栄養POINT

パプリカのビタミンCで
鉄分吸収率UP

パプリカに含まれるビタミンCには、レバーの鉄分を効率よく体内に取り込むはたらきがあります。消化が苦手な猫の場合は、皮をむいてあげるとよいでしょう。

POINT

汚れを洗い落としたレバーをボウルに入れ、約30分牛乳に浸しておく。流水でよくすすぎ、水気を拭き取る。

保存容器	保存期間
コンテナ型	冷凍で10日

RECIPE

07

焼きサケ
チャーハン

焼いたサケの香りが食欲を刺激するレシピ。野菜や魚の皮を細く切っているので、手作りごはんに慣れていない猫にもおすすめです。

材料 （体重4kgの成猫・4食分）

サケの切り身（味のついていないもの）
…………………………………… 1切れ
にんじん …………………………… 1/4個
マイタケ ………………………… 1/3パック
ブロッコリー ……………………… 2房
炊いたごはん ……………………… 大さじ4
オリーブオイル …………………… 適宜

栄養POINT

サケのアスタキサンチンで
免疫力アップ

サケに含まれる抗酸化物質のアスタキサンチンは、体内の活性酸素を除去します。また、サケの皮にはコラーゲンも豊富。猫には味つけしていないものを与えましょう。

作り方

1. フライパンにオリーブオイルを熱し、サケの切り身を焼く。

2. フライパンから取り出し、骨を取り除いて身をほぐす。皮はみじん切りにする。 **POINT**

3. ブロッコリーは耐熱容器にのせラップをかける。電子レンジ（600W）で1分半加熱する。あら熱が取れたら、ひと口大に切る。

4. にんじんとマイタケはみじん切りにする。

5. フライパンにオリーブオイルを熱し、4と炊いたごはんを入れて炒める。

6. サケと3のブロッコリーを加え、よく混ぜる。

POINT

鮭を焼く前に骨抜きを使って小骨を抜いておいてもOK。皮を取り外した場合は、一緒に焼くようにする。

保存容器	保存期間
コンテナー型	冷凍で1ヶ月

RECIPE 08

カツオの グラタン

カツオ＋チーズと猫が好みやすい食材をドッキングしたグラタンです。コーンのつぶつぶとした食感が好きな猫にもおすすめ。

材料 （体重4kgの成猫・4食分）

カツオの切り身 ······················ 120g
しめじ ······················· 1/2パック
冷凍コーン ···························· 20g
小麦粉 ······························ 大さじ1
豆乳 ································· 200mℓ
ピザ用チーズ ························· 適量
オリーブオイル ···················· 大さじ1

作り方

1. カツオの切り身としめじは1.5cm幅に切る。

2. フライパンにオリーブオイルを熱し、1を入れて炒める。

3. 2に冷凍コーンを加える。小麦粉を振りかけてサッと炒める。

4. 弱火にし、豆乳を少しずつ加えてとろみがつくまで加熱する。

5. 耐熱容器に4を移し、ピザ用チーズをのせる。 **POINT**

6. 予熱したトースターで2〜3分、焼き色がつくまで焼く。

栄養POINT

コーンの食物繊維で 便秘解消

猫が好む甘い香りのコーン。粒の皮には食物繊維が豊富で、栄養満点な食材です。消化器官が弱い猫には、潰してから与えましょう。

POINT

耐熱容器はお弁当に入れるおかず用シリコンカップを使ってもOK。与えるときはカップを外す。

 保存容器 耐熱容器＋ラップ
 保存期間 冷凍で3週間

※耐熱容器に入れたままあら熱を取り、ラップをかけて冷凍保存する。

タラと桜エビのスープ

タラがおいしいアンチエイジングスープ。タラには老化防止効果があるグルタチオン、桜エビには高い抗酸化作用があるアスタキサンチンが含まれます。

材料 （体重4kgの成猫・4食分）

タラの切り身（味のついていないもの）
.... 2切れ
ブロッコリー 2房
かぼちゃ 30g
にんじん 20g
豆腐（絹） 1/3丁
桜エビ 大さじ1
水 300ml

作り方

1. タラの切り身は1cm幅に切る。

2. ブロッコリーは1cm幅、かぼちゃ、にんじんは1cm角に切る。

3. 豆腐は1cm角に切る。

4. 鍋に水を入れて火にかけ、タラと2を加えてやわらかくなるまで煮る。

5. 豆腐と桜エビを加え、ひと煮立ちさせる。 POINT

POINT

かたい桜エビを煮ることでやわらかくなり、消化しやすくなる。だしも出て香りも立つ。

 保存容器 **コンテナー型**　 保存期間 **冷凍で1ヶ月**

栄養POINT

桜エビの色素で アンチエイジング

殻つきのまま食べることができる桜エビは、カルシウムと体の酸化を抑えるアスタキサンチンなどの栄養が豊富。煮立てることで香りが立ち、猫の食欲も刺激します。

RECIPE 10

タイの炒り豆腐

タイの風味が野菜と豆腐に染み込んだ一品。タイにはタウリンも豊富なため、肝臓病の予防も期待できます。

材料 （体重4kgの成猫・4食分）

タイの切り身（味のついていないもの）
.... 2切れ
豆腐（木綿）............................ 1/3丁
にんじん 30g
ごぼう 30g
絹さや 5枚
しいたけ 4個
卵 1個
ごま油 .... 適宜

栄養POINT

豆腐のイソフラボンで
骨粗しょう症予防

骨粗しょう症予防や老化防止に効果のあるイソフラボンが豊富。やわらかい食感で、味にクセがないので、いろいろな食材や調理法に合わせやすいです。

作り方

1. タイの切り身は2cm幅に切る。

2. にんじん、ごぼう、絹さや、しいたけは長さ1cmの細切りにする。

3. 豆腐は水気を切る。

4. 鍋にごま油を熱し、タイを入れて炒める。身が白くなったら**2**を加え、さらに炒める。

5. **4**に豆腐を手でほぐしながら加える。全体がなじむまで炒める。**POINT**

6. 卵を割りほぐし、回し入れてひと煮立ちさせる。

POINT

豆腐は手でほぐすことによって、味や香りがしみやすくなる。猫の好きな食感に合わせて切ってもよい。

保存容器	保存期間
保存袋	冷凍で3週間

サバの卵の花

サバの缶詰とおからを使った
簡単レシピ。おからは食物繊維
が豊富な上に低カロリーで高た
んぱく。ダイエットや便秘対策
にも最適です。

材料 （体重4kgの成猫・4食分）

サバの水煮缶 ······························· 1缶
にんじん ·································· 15g
おから（生） ······························ 50g
干ししいたけ（水で戻したもの） ····· 1個
油揚げ（油抜きしたもの） ··········· 1/4枚
ごま油 ·································· 適宜
水 ····································· 200㎖

作り方

1. 水で戻したしいたけ、にんじん、油揚げはみじん切りにする。**POINT**

2. サバの水煮缶は汁気を切り、ひと口大にする。残り汁は捨てずに取っておく。

3. 鍋にごま油を熱し、**1**を入れて炒める。

4. 火が通ったら、サバとおからを加えて炒める。

5. 水、サバ缶の残り汁、しいたけの戻し汁を加え、ひと煮立ちさせる。

POINT

しいたけの戻し汁には
猫の好きな香りがつい
ている。香りづけのた
めに捨てずにとってお
こう。

栄養POINT

おからのサポニンで

肥満予防

おからには食物繊維や良質なたんぱ
く質のほか、大豆由来のサポニンが
豊富。余分な脂肪の蓄積を防ぐ効果
があります。水を吸って膨らむ性質
のため、与えすぎには注意。

 保存容器 保存袋
 保存期間 冷凍で2週間

RECIPE 12

ツナ缶と
ウズラの卵の
どんぶり

EPAやDHAが豊富な魚とビタミンA、D、Kが豊富なウズラの卵を合わせたレシピ。卵とじが苦手な場合には、生卵のまま全体に混ぜてもOKです。

材料 （体重4kgの成猫・4食分）

ツナ缶（ノンオイル）	1缶
かぼちゃ	40g
白菜	葉1/4枚
しいたけ	1個
しらす	10g
ウズラの卵	4個
炊いたご飯	大さじ2
水	200㎖

作り方

1. かぼちゃは1cm角に切る。白菜、しいたけはみじん切りにする。

2. しらすは湯通しする。 POINT

3. 鍋に水を入れて火にかけ、1としらすを煮る。

4. 沸騰したらツナ缶の中身を入れる。

5. ウズラの卵を割りほぐして回し入れる。

6. 器に炊いたごはんを盛りつける。5を加えてよく混ぜる。

POINT

しらすはそのままでは塩分が多いため、みそ漉しなどに入れ、小鍋で約1分茹でて塩抜きをする。

保存容器	保存期間
コンテナー型	冷凍で3日

※炊いたごはんは分けて冷凍保存する。

栄養POINT

ウズラの卵のセレンで
血栓予防

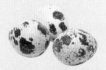

ウズラの卵に多く含まれているセレンは高い抗酸化作用を持ち、血栓ができるのを予防します。また、ウズラの卵は鶏卵に比べてアレルギー反応を起こしにくいといわれています。

食いつきをよくするテクニック

猫は食の好みが激しいだけでなく、「食べ飽き」によって、今まで食べていたものを食べなくなるときがあります。手作りごはんへの食いつきが悪いときは、食欲を刺激する香りや食感をプラスするなどの工夫をしてみましょう。

TECHNIQUE 1　好物でサンドする

好きな食材で興味をひく

猫が好きな食材や、強い香りのするものをトッピングしてあげます。しかし、ただ上にのせるだけでは、トッピング部分だけ食べてしまうため、下のごはんとしっかりと混ぜたり、サンドしたりするようにしましょう。

TECHNIQUE 2　とろみをつける

猫は「とろみあん」が好き

猫はとろりとした食感を好む傾向にあります。市販のウエットフードにとろみがついているのもそのためです。片栗粉や葛粉を香りのあるだし汁で溶いて作ったあんをごはんの上にかけると、猫の食いつきがよくなることがあります。

シニア猫の介護食にもピッタリ

とろみは食材をまとめて、のどごしをよくする効果があります。嚥下がむずかしくなったシニア猫の介護食としても使えます。

と ろ み を つ け る 食 材		
	片栗粉	じゃがいものでんぷん質が原材料。カロリーがやや高めだが、価格が安く手に入りやすい。
	葛粉	葛という植物の根のでんぷん質が原材料。消化によく、栄養も豊富。片栗粉より価格がやや高い。
	ゼラチン	コラーゲンが原材料で、純度の高いたんぱく質でできている。とろみをつけるほか、ゼリーとしても使える。

TECHNIQUE 3 　香りをつける

ふりかけ

フードプロセッサーで作ろう

桜エビやカツオ節、鶏ささみを炒めたものなど、猫が好む香りの食材をミルやフードプロセッサーで攪拌して、ふりかけを作ります。ごはんにかけたり、混ぜたりして与えましょう。

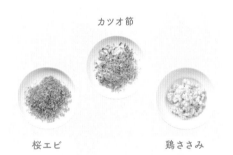

カツオ節

桜エビ　　　　　鶏ささみ

保存方法

ふりかけは湿気ないように、コンテナー型保存容器などに入れ、しっかり密封して冷蔵庫で保管しましょう。

だし汁・茹で汁

水分補給もできて一石二鳥

猫の好きな香りのするだし汁や、肉や魚を茹でたときの煮汁をごはんにかけてあげましょう。水分も一緒に摂取できます。だし汁は昆布や煮干しを水だしするだけで簡単に作ることができます。

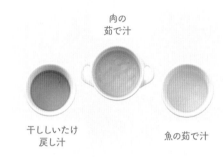

肉の茹で汁

干ししいたけ戻し汁　　　　　魚の茹で汁

保存方法

製氷皿に入れて冷凍保存しましょう。小分けにしてストックすることで、必要な量だけを取り出すことができます。

TECHNIQUE 4 　温める・炒める

加熱することで香りが立つ

冷たくなったごはんよりも、温かいごはんのほうが香りがあるため、猫の食欲をそそります。火にかけたり、電子レンジで加熱したりして、ごはんを温め直してあげましょう。

与えるときは人肌に冷ましてから！

作り置きしたごはんは、しっかり温め直してから冷ましたほうが香りが強く立ち、猫の食いつきがよくなります。やけど防止のためにうちわで扇ぐなどして、必ず人肌まで冷ましてから与えます。

手作りごはん Q&A 2

Q 猫がなかなか手作りごはんを食べてくれません。

A

手作りごはんへの慣れは個体差が大きいです。焦らずどっしり構えましょう。

手作りごはんはすぐに慣れて食べる猫もいれば、1年以上かけて慣れていく猫もいます。毅然とした態度で根気よく続けることは大切ですが、飼い主がイライラすると猫のストレスになります。「食べてくれたらラッキー」という気持ちでいましょう。

Q 手作りごはんにしてから猫がとても痩せたようです。

A

標準体型よりも痩せているようだったら、注意してください。

体型確認をして、痩せすぎでないようでしたら問題ありません（→P71参照）。異様に痩せているようなら食事量を増やしましょう。加齢などで食欲がない場合はカロリーの高い食材に。それでも痩せ続けるようでしたら、深刻な病気が原因の可能性があります。

Q 栄養バランスをきちんと計算する自信がありません。

A

毎日、いろいろな食材を食べさせていれば自然と整います。

猫も人間の食事と同じで、厳密に栄養バランスを計算したり、神経質になったりする必要はありません。同じものばかり食べさせ続けるなどして栄養が偏らないようにして、一週間を区切りに、いろいろなものを食べていれば、自然とバランスは整います。

Q 手作りごはんにすると病気になりませんか？

A

絶対に病気にならないわけではありませんが、なりにくい体を作れます。

手作りごはんは、市販のフードだけでは不足してしまう水分や栄養素を補い、その日の体調に合わせた食材を使うことで、健康で丈夫な体を作ります。老廃物をしっかり排出して免疫力を上げることで、病気になりにくい強い体を作ります。

CHAPTER **3**

栄養と水分 たっぷり スープレシピ

汁気が多めで食べやすい手作りごはん。
あまり水を飲まない脱水ぎみの猫も
食事でしっかり水分補給ができます。

鶏ささみと
きゅうりの
中華風スープ

ごま油の風味とコクが食欲をそそ
る中華風のスープ。野菜がたっぷ
り摂れ、きくらげの食感も楽しいメ
ニューです。

材料 （体重4kgの成猫・4食分）

鶏ささみ	4本
きゅうり	1/4本
チンゲン菜	葉1枚
にんじん	1/8本
乾燥きくらげ	1個
炊いたごはん	120g
ごま油	小さじ1と1/2
水	300mℓ

作り方

1. 乾燥きくらげは水に浸して戻しておき、チンゲン菜と一緒にみじん切りにする。 **POINT**

2. にんじんはすりおろし、鶏ささみはひと口大に切る。

3. きゅうりは薄い半月切りにする。

4. 鍋にごま油を熱し、**1**と**2**を入れて炒める。

5. 鶏ささみの色が変わったらきゅうりを加えて、全体を混ぜる。水を入れて中火で煮る。

6. 器に炊いたごはんを盛りつけ、**5**を加えてよく混ぜる。

栄養POINT

きゅうりのカリウムで
排尿を促す

きゅうりに多く含まれるカリウムには、体内の余分なナトリウムの排尿を助ける効果があります。また、きゅうりのシャキシャキとした食感を好む猫も多いようです。

POINT

乾燥きくらげは水に浸して冷蔵庫に入れ、約6時間おいて戻しておく。時間がないときは約30分お湯に浸す。

保存容器	保存期間
コンテナー型	冷凍で2週間

※スープと炊いたごはんは分けて冷凍保存する。

手羽先とごぼうのスープ

手羽先のこってりとした脂とコラーゲンが魅力的な具沢山のスープ。ごぼうの香りとのマッチングで食欲がアップします。

材料 （体重4kgの成猫・4食分）

手羽先 ······························ 8本
ごぼう ······························ 30g
にんじん ···························· 1/2本
大根 ································ 1/10本
水 ·································· 800㎖

作り方

1. ごぼうはすりおろす。

2. にんじんと大根は1.5cm角に切る。

3. 鍋に水を入れ、沸騰したら手羽先と **2** を加えて約15分煮込む。

4. 手羽先を取り出す。あら熱が取れたら身から骨を取り外し、1.5cm幅に切る。**POINT**

5. 鍋にごぼうを加え、約5分煮る。

6. 器に **4** の手羽先を盛りつけ、**5** を加えてよく混ぜる。

POINT

事前に手羽先の骨を抜く場合は、細い骨と太い骨の間に切り込みを入れて開き、骨を引き抜く。骨からだしが取れるため、捨てずに一緒に煮る。

 保存容器 コンテナー型

 保存期間 冷凍で1ヶ月

栄養POINT

大根の消化酵素で 肥満予防

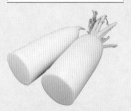

大根には脂質を分解する消化酵素のリパーゼが含まれます。こってりした肉料理との相性も抜群なほか、猫の水分摂取にも役立ちます。

豚こま切れ肉のオムレツスープ

豚こま切れ肉とマッシュしたじゃがいも、豆腐を使ったスパニッシュオムレツ。とろみのあるスープと一緒に食べることで水分補給もできます。

材料 （体重4kgの成猫・4食分）

豚こま切れ肉 ………………………… 100g
卵 ………………………………………… 1個
豆腐（木綿） ……………………………… 20g
赤パプリカ ……………………………… 10g
チンゲン菜 ………………………… 葉1/2枚
じゃがいも ……………………………… 1個
サラダ油 ………………………………… 適宜
水 …………………………………… 400ml

作り方

1. 豆腐は水切りをしておく。

2. 赤パプリカ、チンゲン菜は2cm幅に切る。豚こま切れ肉は1cm幅に切る。

3. じゃがいもは皮をむき、とろみつけ用に大さじ2の量をすりおろす。

4. 鍋に水を入れて火にかけ、すりおろしていない残りのじゃがいもを茹でる。

5. 沸騰したら、2をみそ漉しなどに入れて茹で、火が通ったら取り出す。

6. じゃがいもがやわらかくなったら鍋から取り出し、潰して豆腐と混ぜ合わせる。割りほぐした卵と5を加え、さらに混ぜる。

7. フライパンにサラダ油を熱し、6を入れてオムレツを焼く。あら熱が取れたらひと口大に切り、器に盛りつける。

8. 6の茹で汁に3ですりおろしたじゃがいもを加え、とろみをつける。7の器に注ぐ。

栄養POINT

チンゲン菜のビタミンEで
皮膚を守る

チンゲン菜には、皮膚の新陳代謝を促すビタミンEが多く含まれています。また、葉物野菜は猫も食べやすく、おすすめの食材です。

保存容器		保存期間
保存袋		冷凍で1ヶ月

※スープとオムレツは分けて冷凍保存する。

豚バラ肉と大根のスープ

豚肉は疲労回復や腎臓を養って精力を高める効果があります。肺を潤す効果がある大根を合わせた、薬膳健康スープです。

材料 （体重4kgの成猫・4食分）

豚バラ肉	130g
大根	40g
にんじん	1/6本
かぼちゃ	30g
ブロッコリー	20g
小松菜	葉1枚
エリンギ	1/2パック
サラダ油	適宜
水	350mℓ

作り方

1. 豚バラ肉は1cm幅に切る。 **POINT**

2. 大根、にんじん、かぼちゃ8mm角、ブロッコリー、小松菜、エリンギは石づきを取り、8mm幅に切る。

3. フライパンにサラダ油を熱し、豚バラ肉を炒める。

4. 豚バラ肉に火が通ったら、2を加えて炒める。

5. 全体がしんなりしてきたら、水を加えて煮る。

POINT

豚バラ肉は赤身と脂肪の層が交互になっている。脂身が気になる場合は少しだけ切り取る。

栄養POINT

ブロッコリーのビタミンA・C・Eで

免疫力UP

ブロッコリーには抗酸化作用が高いビタミンA、ビタミンC、ビタミンEがバランスよく含まれます。

やわらかい蕾の部分と歯応えのある茎とで食感が違うのも特徴です。

 保存容器 コンテナー型 保存期間 冷凍で3週間

牛肉炒めの スープ添え

牛肉とたっぷりの野菜を使った豆乳のスープで、栄養と水分をたっぷり摂取できます。牛肉を炒めることで、全体に強く香りが立ちます。

材料 （体重4kgの成猫・4食分）

牛こま切れ肉	320g
かぼちゃ	80g
豆乳	80㎖
パプリカ（赤）	1/7個
アスパラガス	2本
サラダ油	適宜
水	70㎖

栄養POINT

かぼちゃの皮は 栄養満点

かぼちゃは猫が好む甘い香りがする食材。皮にもカリウムや食物繊維などの栄養が豊富です。捨てずに一緒に調理して食べさせましょう。

作り方

1. かぼちゃは皮をむき、薄切にする。皮は捨てずに取っておき、実は耐熱容器にのせてラップをかけ、電子レンジ（600W）で2分加熱する。**POINT**

2. フードプロセッサーに**1**のかぼちゃの実、豆乳、水を入れて撹拌する。

3. 鍋に**2**を入れ火にかけ、ひと煮立ちさせる。

4. 牛こま切れ肉はひと口大、赤パプリカ、アスパラガス、**1**のかぼちゃの皮は粗みじん切りにする。

5. フライパンにサラダ油を熱し、**4**を炒める。

6. 器に**5**を盛りつけ、**3**を加えてよく混ぜる。

POINT

かぼちゃの皮はかたいため、上から包丁を入れて切り取る。皮も調理に使うため、よく洗っておく。

保存容器	保存期間
コンテナー型	冷凍で3週間

※スープと具材は分けて冷凍保存する。

RECIPE 06

牛レバーの炒めスープ

レバーの独特の香りとアスパラガスの食感が猫にもうれしい栄養満点スープ。猫の健康維持に必須なビタミンAが豊富です。

材料 （体重4kgの成猫・4食分）

牛レバー ································ 200g
アスパラガス ···························· 2本
にんじん ······························· 10g
おろししょうが ························· 適宜
片栗粉 ································· 適宜
ごま油 ································· 適宜
だし汁 ······························· 300ml

作り方

1. 牛レバーは流水で洗い、臭みを取る。

2. 1の洗った牛レバーを1.5cm幅に切り、片栗粉とおろししょうがをまぶす。 **POINT**

3. アスパラガスは1cm幅、にんじんは1cm角に切る。

4. フライパンにごま油を熱し、2を入れて炒める。火が通ったら、3を加えて炒める。

5. だし汁を加え、ひと煮立ちさせる。

POINT

レバーに片栗粉をまぶすことで、炒めてもかたくならない。また、しょうがをまぶして臭みをとる。

栄養POINT

レバーのビタミンAで 皮膚を守る

猫は体内でビタミンAを生成できないため、食べ物から摂取しなくてはいけません。レバーはビタミンAが豊富な食材のひとつです。

保存容器	保存期間
コンテナー型	冷凍で1ヶ月

07

サケの
カレー風
クミンスープ

サケの風味がスープに溶け出した
カレー風スープ。ビタミンやミネ
ラルが豊富な食材を使った肝臓に
やさしいレシピです。

材料 （体重4kgの成猫・4食分）

サケの切り身（味のついていないもの）
.... 3切れ
小松菜 2束
キャベツ 葉1枚
しめじ 1/2パック
にんにく 1/4片
しょうが 1/2片
クミン（ホール）..................... 小さじ1
ターメリック（パウダー）......... 小さじ3
オリーブオイル .... 適宜
水 .... 300㎖

作り方

1. サケの切り身は小骨を取り、ひと口大に切る。

2. 小松菜は小口切り、キャベツは千切りにする。石
   づきを取ったしめじは3等分に切る。

3. にんにく、しょうがはみじん切りにする。

4. 鍋にオリーブオイルを熱し、クミンと **3** を入れて
   炒める。

5. 香りが出てきたら、**2** を加えて炒める。

6. 水を加えて煮立てたら、ターメリックを入れて全
   体を混ぜる。 **POINT**

7. サケを加え、火が通るまで煮込む。

栄養POINT

小松菜のカルシウムで
骨を増強

小松菜はカルシウ
ムとそのはたらき
を助けるビタミン
Kが豊富。丈夫な
骨や歯を作ります。

POINT

ターメリックを混ぜる
ことで、鮮やかな黄色
に。独特の香りがする
が加熱すると消える。

保存容器	保存期間
保存袋	冷凍で3週間

RECIPE 08

カツオの
たたきの
つくねスープ

魚の中でも免疫力の低下を防ぐたんぱく質が多いカツオでつくねを作ります。オクラの少しトロッとした食感が猫にも人気の一品。

材料 （体重4kgの成猫・4食分）

カツオのたたき	300g
オクラ	30g
しめじ	1/2パック
片栗粉	小さじ2
水	300㎖

作り方

1. オクラは5mm幅の輪切りに、しめじは石づきを取り1cm幅に切る。

2. カツオのたたきを刻み、片栗粉を混ぜてこねる。20等分にして丸め、つくねのタネを作る。**POINT**

3. 鍋に水を入れて火にかける。沸騰したら弱火にし、2のつくねを加える。

4. つくねが浮いてきたら、1を加えて茹でる。

5. 器に盛りつける。つくねは食べやすい大きさに崩し、よく混ぜる。

POINT

刻んだカツオは片栗粉を混ぜ、3〜4cmぐらいの大きさに丸めてタネにする。

栄養POINT

カツオのタウリンで
疲労回復

カツオの血合いにはタウリンが豊富。心臓や肝臓の機能を高める作用があります。血合いが苦手な猫の場合は、加熱することで食べやすくなります。

 保存容器
コンテナ型

 保存期間
冷凍で2週間

タラと
ブロッコリーの
卵スープ

タラと卵のやさしい風味のスープ。卵にはビタミンCと食物繊維以外の栄養素がすべて含まれており、食べ応えも満点のレシピです。

材料 （体重4kgの成猫・4食分）

タラの切り身（味のついていないもの）
.... 280g
ブロッコリー 3房
にんじん 1/5本
卵 1個
水 400ml

作り方

1. ブロッコリーは1cm幅、にんじんは1cm角に切る。

2. タラの切り身はひと口大に切り、骨を取り除く。

3. 鍋に水を入れて火にかけ、**1**を加えて煮込む。

4. 火が通ったら、タラを加えてさらに煮込む。

5. 鍋に割りほぐした卵を回し入れ、ひと煮立ちさせる。
   POINT

POINT

卵は冷凍するとスカスカした食感になってしまう。スープを冷凍保存する場合は、卵を入れる前に取り分けておこう。

栄養POINT

にんじんの β-カロテンで
皮膚を守る

加熱すると甘い香りがします。猫はβ-カロテンをビタミンAに変換できませんが、活性酸素を減少させ皮膚を守る効果があります。

保存容器	保存期間
コンテナー型	冷凍で2週間

※スープは卵を入れる前に取り分けて冷凍保存する。

RECIPE 10

タイの潮汁風卵スープ

タイは高級なイメージがありますが、切り身なら手に入りやすく扱いやすい食材。コトコト煮るだけで、上品で香り豊かなだしが効いた潮汁ができます。

材料 （体重4kgの成猫・4食分）

タイの切り身（味のついてないもの）	2切れ
にんじん	1/10本
オクラ	1本
しめじ	1/10パック
卵	1個
昆布	5g
塩	少々
水	400㎖

栄養POINT

昆布のフコイダンで 免疫力UP

昆布などの海藻類を煮ると出てくるとろみは、フコイダンという成分で、免疫力を高めます。香りも強く、猫の食欲をそそります。

作り方

1. タイの切り身は水でよく洗う。骨や血合いが残っている場合には、取り除いておく。**POINT**

2. にんじんは1cm角に、オクラ、しめじは石づきを取って1cm幅に切る。

3. 鍋に水を入れ、タイと昆布を入れてから弱火にかけて煮込む。火が通ったら鍋からタイと昆布を取り出し、**2**を入れて煮る。

4. 煮えたら塩を加え、割りほぐした卵を回し入れてひと煮立ちさせる。

5. タイのあら熱が取れたらほぐし、器に盛りつける。**4**を加えてよく混ぜる。

POINT

タイの骨は大きいため、うまく骨抜きしないと身がボロボロになる。大きめの骨抜きで、骨が出ている方向に引っ張ろう。

保存容器	保存期間
コンテナー型	冷凍で2週間

※スープとタイは分けて冷凍保存する。スープは卵を入れる前に取り分けて冷凍保存する。

サバ缶と
トマトの
ごまみそスープ

栄養豊富なサバの缶詰を使った
お手軽レシピ。白ごまとみそは
サバとの相性もばっちりで、スー
プにコクをプラスします。

材料 （体重4kgの成猫・4食分）

サバ水煮缶	1/2缶
ミニトマト	2個
春菊	葉4枚
エノキ	1/5パック
白すりごま	小さじ2
白すりごま（飾り用）	適宜
みそ	小さじ1
カツオ節	8g
炊いたごはん	大さじ2
水	250ml

作り方

1. ミニトマトは1/4に切る。春菊とエノキは石づき を取り1cm幅に切る。

2. 白すりごまとみそを混ぜ合わせる。

3. 鍋に水を入れて火にかけ、1を加えてひと煮立ち させる。

4. 缶から取り出したサバをほぐし、加えたら火を止め、 2を加える。

5. 器に炊いたごはんを盛りつけ、4を加える。

6. カツオ節と白すりごま（飾り用）を振りかけ、よく 混ぜる。 POINT

栄養POINT

トマトのリコピンで
抗酸化作用

猫の水分摂取にも最適なトマトは抗
酸化作用があるリコピンを含みます。
とくにミニトマトは普通のトマトよ
りもリコピンが豊富です。

POINT

猫が香りの強いカツオ
節だけ食べてしまうこ
とがあるので、全体を
しっかり混ぜる。

保存容器	保存期間
コンテナー型	冷凍で3週間

※カツオ節と白すりごま（飾り用）を入れる前に取り分けて冷凍保存する。

RECIPE 12

さつまいもの
ポタージュ
スープ

トロっとした舌ざわりのさつ
まいもとツナのスープ。舌です
くいやすいので、シニアの猫に
もおすすめのレシピです。

材料 （体重4kgの成猫・4食分）

さつまいも ………………………………… 1本
ツナ缶 ……………………………………… 1缶
豆乳 ……………………………………… 150㎖
水 ………………………………………… 150㎖

作り方

1. さつまいもは皮をむいてひと口大に切る。

2. 耐熱容器にのせてラップをかける。電子レンジ
   （600W）で5〜6分加熱し、やわらかくする。

3. 2のさつまいもを潰す。 POINT

4. 鍋に潰したさつまいもと水を入れて火にかけ、豆乳
   を少しずつ加えながらかき混ぜる。

5. 器に4を入れ、ツナを加えてよく混ぜる。

POINT

熱したさつまいもを保
存袋に入れ、上から濡
れた布巾をのせて押す
と、簡単に潰れる。

栄養POINT

さつまいものビタミンCで

免疫力UP

甘い香りのさつまいもは猫が好む食
材です。栄養価にも優れ、免疫力の
強化やストレスへの抵抗力を高める
ビタミンCも豊富に含まれています。

 保存容器　コンテナー型　 保存期間　冷凍で2週間

猫用フードボウルの選び方

猫用のフードボウルにはさまざまな材質や形状があります。
猫の体格に合わないものを使い続けていると、
首や背骨への負担などにも影響するため、その猫の
体に合ったものを選んであげるようにしましょう。

TECHNIQUE 1　猫が使いやすいサイズと形を押さえよう

選ぶときのポイントは、猫が食べやすいかどうかです。フードボウルの皿の位置の高さや、間口の広さ、形状をチェックしましょう。また、実際に使ってみて、食べているときに安定感があるか、中身が皿からこぼれてしまうことがないかも確認します。

☑ 口までの高さ

**うつむかないで
食べられる高さに**

猫の体格にもよるが、5〜8cm程度の高さがあると、猫が食事のときに頭を下げる必要がなく、首や背中に負担がかかりにくくなる。吐き戻しの防止にも。

☑ 重さ・滑り止め

**食べているときに
動かないように**

フードボウルが軽いと食べているときにガタガタと動いて中身がこぼれたり、ひっくり返ったりすることがある。重さや滑り止めがある安定感のあるものを選ぼう。

10〜13cm

3〜5cm

5〜8cm

写真提供：株式会社ペッツルート
商品名：瀬戸焼 にゃんはい うぐいす

☑ 間口の広さ

**ひげがあたらない
広さに**

間口が狭いと食事中に猫のひげが食器にあたりストレスを感じて、食欲不振に繋がることも。頭を入れてもひげがあたらない10〜13cm程度の広さがベスト。

☑ 皿の深さ

**汁物がこぼれない
深さが必要**

皿の部分が浅いと、食べているときに中身がこぼれてしまう。とくに手作りごはんは水分が多いため、しっかりと深さがあるタイプにしよう。

その他のポイント

傾斜がある

皿の部分に15°程度の角度がついていることで、猫がうつむかずにごはんを食べることができ、体の負担が減る。

写真提供：株式会社ペッツルート
商品名：瀬戸焼 にゃん楽食器 ごはん ミルキーピンク

返しがついている

皿の部分にそり返しがついていることで、汁気が多いごはんでも周囲に飛び散ったり、床にこぼれたりすることを防ぐ。

写真提供：株式会社ハリオ商事
商品名：にゃんプレショートヘア レッド

TECHNIQUE 2　素材ごとの特徴を押さえよう

フードボウルは大きく分けて「プラスチック製」「ステンレス製」「陶器製」の3つに分けられます。猫が使いやすいものはもちろんのこと、毎日使うものなので、耐久性や手入れのしやすさも含めて、それぞれのメリットとデメリットを確認しましょう。また、猫によっては質感の好き嫌いもあるようです。

プラスチック製

リーズナブルで壊れにくい

低価格で入手しやすいのが特徴。軽くて持ち運びしやすく、壊れにくい素材。ただし、細かい傷がつきやすく、そこから細菌が繁殖するため、洗うときにぬめりが落ちにくい。

写真提供：アイリスオーヤマ株式会社
商品名：ペットディッシュ D-200　マットブラウン

ステンレス製

軽くて丈夫で扱いやすい

猫がかじっても傷つきにくく、手入れもしやすい素材。軽くて持ち運びもしやすいが、その分、安定感がなく猫の食事中にぐらつきやすい。底に滑り止めがあるタイプを選ぼう。

写真提供：ドギーマンハヤシ株式会社
商品名：ステンレス製食器　猫用富士型

陶器製

重くて丈夫で傷つきにくい

ほかの2タイプよりも高価格なものが多いが、傷がつきにくく頑丈で長持ちする。重さがあるため安定感にも優れる。割れ物であるため、取り扱いには注意が必要になる。

写真提供：株式会社ペッツルート
商品名：瀬戸焼 にゃん楽食器 ごはん ミルキーピンク

TECHNIQUE 3　食器スタンドで高さや安定感を補助

高さが足りなかったり、安定感がなかったりするフードボウルでも、食器スタンドや滑り止めなどの補助器具を使うことで、新しいものに買い替えなくてもよい場合があります。

写真提供：株式会社　ファビタ
商品名：Food Stand S キャロット

写真提供：竹美商事株式会社
商品名：良木工房 YOSHIKI
竹製ペット用食器台 YK-PF1

　人間用食器洗剤ではぬめりがとれにくい？

猫のフードボウルを洗うとき、人間の食器にはない「ぬめり」があります。猫の唾液は雑菌が繁殖しやすいアルカリ性（人間は中性）であり、直接舌をフードボウルにつけて食べるため、「バイオフィルム」という雑菌で作られた膜ができます。これがぬめりの正体です。バイオフィルムは人間の食器用洗剤（中性）では落ちにくいため、猫の器用洗剤（酸性）や特殊な繊維のスポンジを使いましょう。

写真提供：株式会社猫壱
商品名：ヌルヌル汚れも洗剤なしでキレイに落とす食器スポンジ

時短らくらく 冷凍 ストック術

まとめて作った料理を 冷凍保存

猫のごはんを毎食作るのは、時間と手間がかかります。毎日続けることはなかなかむずかしいかもしれません。そこで役立つのが冷凍作り置きごはんです。余裕があるときにまとめて作ったごはんを冷凍保存しておけば、いそがしいときでも、電子レンジ解凍ですぐにごはんが準備できます。

	保存袋	コンテナー型容器
保存容器	 密封度が高く、料理の酸化をしっかり防ぐことができる。液体類は平たくしてから冷凍すると、省スペースで保存することができる。	 料理の形を崩さずに入れることができ、具材が大きな料理の保存に向いている。汁気の多い料理はスクリューロック式がこぼれにくい。

保存手順

具材の小さなスープ類・ペースト類

1 保存袋にスープを注ぐ

汁椀などの手頃な器に保存袋を入れ、口を反対側に折り返して固定してからスープを注ぐ。

2 口を閉じて平らにならす

空気を抜いてこぼれないように口を閉じ、全体が均一になるように平らにならす。

具材の大きなスープ類

1 具材を先に入れてからスープを注ぐ

大きめの具材は先に容器に入れておき、後からスープをこぼさないように注ぐ。

2 具材を均等にならす

容器の中の具材が均等になるようにならしておくと、冷凍ムラや加熱ムラにならない。

解凍方法

耐熱容器に入れて電子レンジ加熱
保存袋を冷蔵庫で自然解凍、もしくは湯煎する。耐熱容器に移し、電子レンジ加熱（600W）で約3分加熱する。

蓋をずらして電子レンジ加熱
料理はコンテナー型に入れたまま蓋をずらし、電子レンジ加熱（600W）で約3分加熱する。

3つのポイントを押さえよう

1 料理はあら熱をしっかり取ってから冷凍する

料理を温かいまま冷凍庫に入れると、庫内の温度が上がり、ほかの食材が傷みやすくなります。必ず冷ましてから冷凍庫に入れましょう。

2 冷凍保存・電子レンジ加熱に対応した容器を使用する

対応していない容器を使用した場合、容器が変形したり破損したりするおそれがあります。必ず、冷凍・加熱に対応したものを準備しましょう。

3 解凍した後は人肌に冷ましてから与える

電子レンジ加熱で解凍したばかりの料理を与えると、猫がやけどするおそれがあります。人肌の温度まで冷ましてから食べさせましょう。

ラップ＋保存袋

ラップは密着するのが特徴。料理の形に合わせて包むことができるが、剥がれやすい。二重に包むか、保存袋に入れて冷凍する。

おかず・固形物

1 ひとつずつラップに包む

料理の形が崩れないようにひとつずつラップに包み、しっかりと密着させる。

2 保存袋に入れて空気を抜く

ラップに包んだ料理をさらに保存袋に入れる。料理同士が重ならないようにし、空気を抜く。

ラップのまま電子レンジ加熱

保存袋から取り出し、ラップに包んだまま電子レンジ加熱（600W）で約3分加熱する。

製氷皿

液体を小分けに冷凍するのに便利。スープ類やだし汁、ペーストなど冷凍保存する。やわらかく煮込んだおじやも保存できる。

だし汁・ペースト類

1 製氷皿に均等に入れる

こぼれないように製氷皿に入れる。具材がある場合は、均等になるようにならす。

2 凍ったら保存袋に移す

氷ができたら製氷皿から取り出し、保存袋に移し替える。冷凍庫で冷凍保存する。

保存袋から出して自然解凍

器に移し替えて、自然解凍する。凍ったまま猫におやつ代わりに舐めさせてもよい。

（ 下処理した食材を冷凍保存 ）

調理法に 合わせた手順

猫のごはんは、それぞれの好みに合わせて、食材を茹でたり焼いたりする必要があります。調理法に合わせた冷凍手順を押さえましょう。

茹でる・煮る		焼く・炒める	
下茹でして 冷凍	食材を茹でてから冷凍すると、長持ちするほか、調理時に茹でる工程を省くことができる。	**生のまま 冷凍**	生のまま冷凍すると食材の酸化が早いが、茹でることで香りやエキスが流出するのを防ぐ。

1.食材を食べるサイズに切る

野菜は消化しやすいように8㎜〜1cmの大きさ。肉や魚の場合は、もう少し大きくてもOK。

--- 生のまま冷凍できる食材例 ---

● 肉類全般　● 魚類全般　● きのこ類全般
● 一部の葉物類（小松菜、キャベツ、春菊など）
● 薄く小さく切った根菜
　（にんじん、大根、ごぼうなど）

2.下茹でしてあら熱を取る

切った食材を下茹でする。みそ濾しや茶濾しなどを使用して茹でると便利。茹でた後はあら熱をしっかり取る。

2.ペーパーで水気を切る

野菜はペーパーで水気を切る。肉や魚は血やドリップをふき取る。水気が残っていると、食感が悪くなる。

3.保存容器に入れて冷凍する

野菜類、肉類、魚類は混ぜずにそれぞれ分けて、保存袋やコンテナー型容器に入れて冷凍保存する。凍ったまま調理に使用することができる。

冷凍保存は作ったごはんだけでなく、食材の保存にも便利。猫のごはんは食材を細かく切ったり潰したりする必要があるため、下準備に少し手間がかかります。あらかじめ下準備した食材をストックしておけば、その日に作りたいと思った料理をすばやく作ることができます。

※解凍した食材を再び冷凍したり、解凍した食材を使用した料理を冷凍保存することはNGです。味や質が落ちるだけでなく、雑菌が繁殖しやすくなります。

⟪ ペースト状に して冷凍 ⟫

野菜や肉、魚をペースト状にしたものも冷凍保存できます。小分けにして冷凍すると、料理にプラスしたり、おやつとして与えたりできます。

1.フードプロセッサーで攪拌する

小さく切って下茹でした食材に少量の水を加えて攪拌すると、なめらかな食感のペーストになる。粒が大きいほうが喜ぶ猫もいるので、好みに合わせた粗さにする。

2.製氷皿で冷凍する

ペーストは製氷皿に入れて平らにならして冷凍すると、ひとつずつ取り出せて便利。また、保存袋に平らに入れて、割れ目をつけて冷凍してもOK。

⟪ 食材別保存冷凍・解凍ポイント ⟫

	肉	魚	野菜
下茹でで	下茹ですることで保存期間が長くなり、調理時間も短縮できる。ただし、猫の食欲を刺激する香りが茹で汁に移ってしまう。	肉と同様に下茹ですることで保存期間が長くなり、調理時間も短縮できる。皮と骨を取り除いてから冷凍する。	下茹でして冷凍した野菜は、そのまま鍋に入れて再加熱することで、調理時間を短縮できる。
生のまま	下茹でに比べて保存期間が短い。自然解凍してから調理する必要があるため手間がかかるが、猫が好む肉汁が残っている。	下茹でに比べて保存期間が短い。自然解凍、または流水解凍してからしっかりと水気を切り、加熱調理する。	生のまま冷凍した野菜は、解凍せずにそのまま鍋やフライパンに加え、調理に使用することができる。
ペースト状	猫はペースト状の肉を好む傾向にある。冷凍すると食感が変わるため注意。湯煎か電子レンジ加熱で解凍する。	骨ごとペースト状にすることで、カルシウムを摂取することができる。そのまま鍋に入れて加熱調理する。	消化しにくい野菜類も、ペースト状にすることで猫が食べやすくなる。また、猫が苦手な野菜を料理に混ぜることもできる。

手作りごはん Q&A 3

Q

**食物アレルギーを
持っていないか心配です。**

A

**まずは小皿テストで
様子を見ましょう。**

小皿テスト(→ P22) は猫の好みを知るほか、食物アレルギーを持っていないかを事前に確認する役割があります。小皿テストをしてみてアレルギー反応が出たら、その食材は手作りごはんに使用しないようにしましょう。

Q

**食べたものを未消化のまま
吐き出してしまいます。**

A

**消化しやすいように
食べ物を細かく刻んで
あげましょう。**

猫はもともと「吐き戻し」が多い生き物ですが、便にも未消化のまま残っているようでしたら、消化が苦手な体質なのかもしれません。とくに消化しにくい野菜類などは小さく刻んだり、ペーストにしたりしてみてください。

Q

**手作りごはんに
切り替えてから、
トイレの回数が増えました。**

A

**老廃物がしっかり
排泄できている証拠です。**

水分の摂取量が増え、老廃物の排泄が増えた状態です。最初は下痢になることがありますが、しばらくすると落ち着いてきます。ただし、トイレに行っているのに排便や排尿をしていないようなら、尿路結石などの病気の可能性があるため注意です。

Q

**猫の手作りごはんに生肉を
使っても大丈夫ですか？**

A

**基本的に人間が
生食できるものを
与えるようにしましょう。**

猫はもともと生肉を食べて生きてきた生き物ではありますが、生肉の鮮度が悪かったり、寄生虫や雑菌がついていたりすることもあるため、人間が生食可能なものを選んであげるのが無難でしょう。とくに豚肉や内臓類の生食はNGです。

CHAPTER **4**

ヘルスケアの
ための
病気予防レシピ

猫が体調不良のときや病気予防のために
食べさせてあげたい手作りごはん。
猫がかかりやすい病気と一緒に紹介します。

家庭でできる健康チェックをしよう

猫は体の不調を自分から訴えることはありません。野生の世界では弱みを知られることは死を招くため、むしろ不調を隠そうとしてしまうのです。そのため、病気に気がついたときにはもう手遅れ……となってしまうことも。猫を守るためには、日頃から飼い主が健康をチェックしてあげることが大切です。

排泄物のチェック

便や尿は猫の健康のバロメーターです。
量や回数、色やかたさなどで猫の体調を知ることができます。

便		状　態	大きさ・量	1日の回数	排泄の様子
便の様子が胃腸や消化器官の異常のサイン。	通常	適度に水分がありツヤがある。	4kgの成猫で人差し指1~2本。	1〜3回	落ち着いている。
	便秘 →P.82	かたく乾いている便。血が混ざっているときがある。	コロコロとし小さな便が少し出る。	1回。もしくは出ない。	トイレにいる時間が長いが便が出ない。排泄時に痛がっている。
	下痢・軟便 →P84	水分が多く泥状、または水状。血が混ざっているときがある。	1回で大量の下痢や軟便をする。	1回。	トイレに行くが便が出ない、嘔吐をする。

尿		状　態	大きさ・量	1日の回数	排泄の様子
尿の様子が尿道や腎臓の異常のサイン。	通常	薄い黄色。	4kgの成猫で40〜100ml。	2〜3回。	落ち着いている。
	多尿 →P78	色が薄く、透明に近い黄色。	普段の2倍以上の量がある。	3回以上。	トイレにいる時間が長い。排尿時に痛がっている。
	乏尿 →P74・76	色が濃いオレンジ色。血尿が混ざる。	通常より少ない。トイレに行くのに出ないことがある。	1回。もしくは出ない。	排尿時に痛がっている。

異常の早期発見がカギ

猫は尿を1日、便を3日間しないと危険といわれています。毎日のトイレチェックすることで、猫の体の異常をいち早く察知することにつながります。異常に気がついたら、獣医師の診察を受けるようにしましょう。

体型のチェック

体重をはかったりボディチェックをして、猫が痩せすぎたり
太りすぎたりしていないかを確認しましょう。

☑ 適切な体重を知ろう

一般的に成猫の体重は3~5kgといわれています。特殊な猫種でない限り、3kg未満の猫は栄養失調、
5kg以上ある猫は肥満の可能性があります。
※品種や個体差もあるため、心配な場合は獣医師に相談しましょう。

**家庭での
猫の体重のはかり方**

家庭の体重計で猫の体重をはかる場合には、ま
ず飼い主の体重を計測した後に、猫を抱っこし
た状態で2回目の計測をします。その体重の差
が、猫の体重となります。

☑ BCSで体型をチェックしよう

ボディコンディションスコア(BODY CONDITION SCORE)とは、手で猫の肋骨やおなかを触り、
その体型から肥満度を確認する方法です。定期的にチェックしましょう。

脂肪がなく、触ると肋骨の形がはっきりわかる。
上から見ると砂時計型の体型をしている。

わずかに脂肪がつき、触ると肋骨があることがわ
かる程度。上から見ると適度なくびれがある。

脂肪に覆われており、肋骨に触ることができない。
上から見るとくびれがほとんどない体型。

脂肪が厚く弾力があり、肋骨に触ることができない。
上から見るとくびれがまったくない体型。

腹水やしこりがあったら

猫の体を触って腹水があった場合には、猫伝染性腹膜炎ウイルスの可能性があります。また、しこり
があった場合には悪性の腫瘍の可能性もあり、どちらも死亡率の高い危険な病気です。気がかりな点
があったら、一刻も早く、獣医師を受診しましょう。

ライフステージと健康ポイント

市販のフードに子猫用やアダルト（若猫〜成猫期）用、シニア用があるように、手作りごはんの量や内容もライフステージごとに異なります。明確な移行時期はありませんが、痩せぎみ、肥満ぎみなど体型に変化が生じたら切り替えます。子猫期からシニア期までの、体の特徴や注意する点と合わせて確認しましょう。

子猫期
0〜6ヶ月

生後3週間ほどまでが哺乳期、8週間ほどまでが離乳期となります。成長のためにたくさんのエネルギーが必要なため、基本的に食べたいだけ食べさせてもかまいません。しかし、食べすぎると吐き戻してしまうため、おなかが少し膨らんだ程度を目安に。

離乳期は少量の肉を少しずつ与える

まだ消化器官が未発達なため、離乳食として細かいひき肉状やペースト状にした肉や魚を与えましょう。離乳期の終わり頃から、やわらかく煮込んだ野菜や穀物を少量ずつ与えてみましょう。

2〜6ヶ月の間にいろいろな食材にチャレンジ

この期間中に歯も消化器官も成長し、いろいろな食材が食べられるようになります。6ヶ月までに口にしたものを食べ物と認識するため、たくさんの食材を経験させると好き嫌いをしにくくなります。

乳歯が生えたら歯みがきに慣れさせよう

猫は生後3週〜7週までに乳歯が生えそろい、生後3ヶ月〜6ヶ月までに永久歯に生え替わります。乳歯のときから口の中や歯に触れることに慣れさせておくと、抵抗なく歯みがきをすることができます。

若猫期
7ヶ月〜1歳

猫が子猫から成猫に成長する期間。体力があり好奇心が旺盛なため、遊びや社会性を身につける時期でもあります。生後6ヶ月で性成熟を迎えるため、避妊や去勢手術もこの時期に行います。手術後は太りやすくなるため、食事の量やカロリーを抑え目に切り替えましょう。

体を作る栄養素をしっかり摂取

体や骨が緩やかに成長し、おとなの体に近づきます。肉や魚からはたんぱく質や脂肪を、野菜類から食物繊維やミネラル類などを摂らせましょう。バランスのよい食事が大切です。肥満にならないよう注意を。

早めに避妊・去勢手術をしよう

生後6ヶ月で性成熟し、避妊・去勢手術が可能になります。発情期のマーキングや鳴き声、ストレスのほか乳がんや生殖器の病気の可能性があるため、繁殖の予定がない場合は速やかに手術しましょう。

手術後は低カロリーの食事に切り替えよう

避妊・去勢手術の後は、ホルモンバランスの関係によりオス・メスともに太りやすくなります。手術前と同じ食事量では肥満になるため、量を減らすか、低カロリーの食事を与えるようにしましょう。

猫の年齢の目安（人間年齢換算）

	1ヶ月	6ヶ月	9ヶ月	1	2	3	4	5	6	7	8	9	10	11	12	13	14	15	16	17	18	19	20
歳																							
	4	14	16	18	24	28	32	36	40	44	48	52	56	60	64	68	72	76	80	84	88	92	96

成猫期
2〜6歳

立派なおとなの猫になった時期です。ライフステージでもっとも元気に過ごす期間で、体力が充実し、肉体的に健康に過ごしやすいのが特徴です。避妊・去勢手術を終え、若猫期より運動量が落ち着くため、肥満になりやすくなります。こまめに体型や食事をチェックしましょう。

肥満に注意して標準体型を維持

若猫期にくらべて運動量が減少するため、肥満に注意。猫は一度太るとダイエットがしにくい体質です。BCS（P71）を参考に定期的に体型チェックをし、食事量やカロリーを調整するようにしましょう。

遊びで十分な運動量を確保しよう

子猫期〜若猫期は好奇心が旺盛で、おもちゃでひとり遊びをすることが多いですが、成猫期になるとそれも落ち着きます。猫に運動をさせるために、飼い主が一緒に遊んであげる時間を作りましょう。

水分不足にならないように工夫しよう

もともと猫はあまり水を飲まない習性のため、飲み水を用意しても水分不足になりがちです。手作りごはんは市販のドライフードより水分量が多いですが、気になる場合はスープを足しましょう。

シニア期
7歳以降

体の老化が始まる時期。個体差があり明確に決まっているわけではありませんが、一般的には7〜8歳以降の猫がシニア期にあたります。運動量が極端に減り、眠っている時間が長くなるのが特徴です。体力や免疫が低下し、病気やけがをしやすくなります。

年齢ではなく調子に合わせた生活スタイル

7歳の猫は人間に換算すると約44歳です。しかし、この年齢になったら一律で食事や生活スタイルをシニア用に切り替えなくてはいけないわけではありません。様子を見つつ、合わせてあげましょう。

高カロリー食と低カロリー食を使い分ける

老化の始まった猫は運動量が少なくなるため、低カロリーの食事に切り替えます。しかし、筋力が落ちカロリー摂取も減ったことで痩せ始めた場合には、高カロリー食に切り替えて、体型を調節しましょう。

トイレの排泄物をこまめにチェックしよう

内臓や消化器官の異変や、さまざまな病気の可能性が高い時期。成猫期のとき以上に、猫の様子をよく見てあげましょう。P70を参考にして便や尿を確認することで、異変の早期発見につながります。

尿路結石　ストルバイト

尿がアルカリ性になり、尿道に結石が詰まる

尿路結石は腎臓から尿管、膀胱、尿道の中に結石が形成され、詰まってしまう病気です。「ストルバイト（ストラバイト）」と「シュウ酸カルシウム」結石の2種類があり、前者は比較的若い猫に多く見られます。結石は砂粒くらいの小さなサイズから、数cmにもなる大きなサイズまであり、尿道を傷つけたり、排尿を妨げたりします。

主な症状

- ☑ 頻繁にトイレに行くが尿が出ない
- ☑ 排尿を痛がり、濃いオレンジの尿や血尿が出る
- ☑ 尿にキラキラした結石が混ざる

排尿時におかしな行動をするようになったら、まず尿の様子を観察してください。血尿でなくても、尿にキラキラしたものが混ざっているようでしたら、尿路結石の疑いが強いです。すぐに医師の診察を受けてください。

原因

- ☑ 水分摂取量の不足による尿量の減少
- ☑ 過食や運動不足による尿pHのアルカリ化
- ☑ ウイルスや細菌による感染

尿pHとは、尿中に含まれる水素イオン濃度を表す指数です。正常な尿の基準pHは平均6.0〜6.5で、やや弱酸性に保たれています。この数値がアルカリ性に大きく傾くと、ストルバイト結石ができやすくなります。

予防・改善

- ☑ ミネラル類の量を減らした食事内容にする
- ☑ ビタミンCを摂取させて、尿を酸性にする
- ☑ 十分な水分補給をし、排尿を促す

ミネラル類は猫の健康に欠かせない栄養素ですが、過剰に摂取したり腎機能の不調で排出がうまくできなかったりすると、尿がアルカリ性に傾き、結石を作る原因に。食事でビタミンCを多く摂ることで、尿を酸性にすることができます。細菌感染などで結石ができた場合には、食事だけでなく医師の診断のもと、薬物治療を行います。

C H E C K

悪化すると尿毒症になる？

尿路結石によって排尿が妨げられる状態が長く続くと、腎機能が低下し、「尿毒症」になるおそれがあります。「尿毒症」とは腎機能が正常の1／10程度まで低下してしまった末期の腎不全の状態のことで、放置していると命に関わります。

RECIPE 01

鶏手羽元とかぶのスープごはん

鶏手羽元の香りとしいたけの風味が効いたスープです。調理中に流れ出る栄養素も残さずしっかり摂れる、水分たっぷりの一品。

材料 （体重4kgの成猫・4食分）

鶏手羽元	4本
かぶ	1/2個
かぶの葉	30g
しいたけ	2個
にんじん	1/5本
炊いたごはん	60g
水	350mℓ

作り方

1. かぶ、かぶの葉、しいたけは石づきを取り、1cm幅に切る。にんじんは1cm角に切る。

2. 鶏手羽元はほぐしやすいように切れ目を入れておく。**POINT**

3. 鍋に水と1、鶏手羽元を入れて火にかけ、やわらかくなるまで煮る。

4. 鶏手羽元は2で入れた切れ目に沿って骨を取り外す。肉は食べやすい大きさに割いて鍋に戻す。

5. 器に炊いたごはんを盛りつける。4を加えてよく混ぜる。

POINT

手羽元は皮目を下にして、骨に沿って包丁で切り込みを入れる。筋は断ち切る。

保存容器	保存期間
コンテナー型	冷凍で2週間

※スープと炊いたごはんは分けて冷凍保存する。

栄養POINT

かぶのビタミンCで
尿を酸性にする

かぶの根と葉にはビタミンCが豊富に含まれています。尿を酸性に傾ける作用があり、結石ができるのを防ぎます。

尿路結石 シュウ酸カルシウム

尿が酸性になり、尿道に結石が詰まる

ストルバイト（ストラバイト）と同じく、腎臓から尿管、膀胱、尿道の中に結石ができて詰まる病気です。高齢期の猫に多く見られ、シュウ酸が体内でカルシウムと結合することで、結石が形成されます。ストルバイト（ストラバイト）は尿がアルカリ性に傾くのが原因なのに対して、シュウ酸カルシウムの場合は尿が酸性に傾くことで起こります。

主な症状

☑ 頻繁にトイレに行くが尿が出ない

☑ 排尿を痛がり、濃いオレンジの尿や血尿が出る

☑ 尿にキラキラした結石が混ざる

基本的にストルバイトと同じ症状です。ストルバイトが食事療法で結石を溶かせるのに対して、シュウ酸カルシウムの結石は溶かすことが困難です。そのため、一度尿道が詰まってしまうと、カテーテルを挿入して取り除く手術が必要になります。

原因

☑ 水分摂取量の不足による尿量の減少

☑ シュウ酸を含む食事による尿pHの酸性化

☑ マグネシウムやビタミン類の欠乏

尿pHが酸性に大きく傾くと、シュウ酸カルシウムの結石が形成されやすくなります。生のほうれん草やタケノコには結石を作るシュウ酸が多く含まれているため要注意。また、動物性たんぱく質を摂りすぎると尿酸が増え、結石の原因になります。

予防・改善

☑ カルシウムと一緒に摂取する

☑ シュウ酸の多い食材を避ける

☑ 十分な水分補給をし、排尿を促す

生のほうれん草やタケノコは、茹でることでシュウ酸が減少します。必ず茹でるか、小松菜などシュウ酸が少ない代用食材を使いましょう。以前はカルシウムはあまり摂らないほうがよいとされていましたが、近年ではカルシウムは腸の中でシュウ酸と結合して、体外への排出を助けることがわかったため、積極的に摂らせるとよいでしょう。

C H E C K

オス猫は尿路結石になりやすい？

尿路結石はオス・メス関係なく起こる病気ですが、オスはメスよりも尿道が細くカーブしているため、結石が詰まりやすい特徴があります。また、アメリカンショートヘアーやスコティッシュフォールドなどの猫種は結石ができやすい傾向にあります。

RECIPE 02

アサリと黒豆のデトックススープ

腎機能強化や利尿作用のあるあさり、黒豆、白菜を使用した予防レシピ。尿の色が濃い黄色から薄い黄色に変われば、pHがよいバランスになった証です。

材料 （体重4kgの成猫・4食分）

鶏ささみ	200g
あさりの水煮缶	1缶
黒豆水煮	大さじ4
にんじん	1/10本
白菜	葉1/2枚
小松菜	20g
とろろ昆布	大さじ1
水	300㎖

作り方

1. 鶏ささみは筋を取り、1㎝幅に切る。

2. にんじんは1㎝角、白菜、小松菜は1㎝幅に切る。

3. 鍋に水とあさりの水煮缶を汁ごと入れて火にかける。 **POINT**

4. 鶏ささみと 2 を加えてやわらかくなるまで煮る。

5. 4 に黒豆の水煮ととろろ昆布を加え、ひと煮立ちさせる。

POINT

あさりの水煮缶の汁には香りがついており、だし汁代わりになる。捨てずに使おう。

保存容器	保存期間
コンテナー型	冷凍で1ヶ月

栄養POINT

黒豆のカルシウムで
シュウ酸を排出

黒豆には利尿作用を促すサポニンと、シュウ酸と結合して体外に排出するカルシウムが豊富です。

腎臓病

腎機能が低下し、老廃物を排出できない

猫は高齢になると腎臓病のリスクが高くなります。腎臓は体内の老廃物を尿として排出するほか、血圧の調節や赤血球生産などに関する重要なホルモンを分泌します。そのため、機能不全になると排泄機能の異常や免疫力の低下を引き起こします。腎臓が十分に機能しなくなる状態を腎不全ともいい、それが長く続くと慢性腎不全といいます。

主な症状

- ☑ 水を飲む量と尿量が増える
- ☑ 食欲低下や嘔吐、体重の減少など
- ☑ 貧血、胃炎、口内炎になりやすい

腎臓病の初期症状に多飲多尿があり、薄い尿を大量にするようになります。症状が進むと食欲不振になり、体重も減少して1日中ぐったりとするように。腎臓は機能が半分になるまで症状が起きないため気がつきにくく、発覚時には手遅れのケースがほとんどです。

原因

- ☑ 尿路結石などによる排尿障害
- ☑ 腎臓腫瘍
- ☑ ウイルスや細菌による感染

原因として、出血や水分不足、そのほか循環器系の異常による腎臓へのダメージや、尿路結石で排尿できないことによる尿毒症、ウイルスなどの感染が挙げられます。ただし、猫はもともと腎臓病になりやすい体質のため、気をつけていても発症する可能性が高いです。

予防・改善

- ☑ リンやナトリウムの摂取量を減らす
- ☑ たんぱく質を減らした食事にする
- ☑ 十分な水分補給をする

腎臓病によって壊された腎臓の細胞組織は、二度と回復することはできません。そのため、腎機能に負担をかけないように老廃物や毒素を体内に溜めないようにし、症状の進行を遅らせることが重要です。リンやナトリウム、たんぱく質は腎機能に負担をかけるため制限しましょう。また、腎機能の低下により脱水症状になりやすいため、水分補給もしっかりと。

C H E C K

腎臓病は手遅れになりやすい？

腎臓はネフロンという細胞組織で構成され、猫には約40万個あります。腎臓がダメージを受けると、このネフロンが壊れて減少していきます。残ったネフロンが失われたネフロンの分まで仕事をするため、末期になるまで症状が現れないのが特徴です。

カモ肉と冬瓜の豆乳煮

カモ肉は低カロリーで脂肪酸の含有バランスも優れた腎臓によい食材。冬瓜と合わせて利尿作用も期待できるレシピです。

ヘルスケアのための病気予防レシピ

材料 （体重4kgの成猫・4食分）

カモ肉	280g
冬瓜	40g
にんじん	1/5本
ブロッコリー	3房
しいたけ	3個
豆乳	200㎖
サラダ油	適宜

作り方

1. カモ肉は1.5㎝幅に切る。

2. 冬瓜、にんじんは1㎝角に、ブロッコリー、しいたけは石づきを取って1㎝幅に切る。 POINT

3. フライパンにサラダ油を熱し、カモ肉を入れ炒める。

4. カモ肉の色が変わったら、2を加えて炒める。

5. 豆乳を加え、ひと煮立ちさせる。

POINT

冬瓜はワタに沿ってV字型に包丁を入れて、種ごと切り取る。

保存容器		保存期間
コンテナ型		冷凍で2週間

栄養POINT

冬瓜のカリウムで 排尿を促す

冬瓜は95％が水分で、余分なナトリウムを排出するカリウムを多く含んでいます。しっかり排尿することで腎臓への負担を減らします。

肝臓病

肝臓に炎症が起き、解毒機能が低下する

肝臓は、食べたものを栄養素に分解して貯蔵するほか、体内の毒素を無毒化する役割を持ちます。また、再生能力の高い臓器であることも特徴です。肝臓は炎症（肝炎）を起こしたり、余分な脂肪が肝臓に蓄積されたりすることで、ダメージを受け、機能低下を起こします。肝機能が大幅に損なわれた状態のことを肝疾患ともいいます。

主な症状

- ☑ 下痢や嘔吐がある
- ☑ 元気がなく疲れやすい
- ☑ 腹水や黄疸がある

肝臓は「沈黙の臓器」と呼ばれるほど、不調が症状として現れにくい臓器。栄養失調や解毒機能が低下している様子や、腹水や黄疸が現れたら、かなり症状が進行している状態です。初期症状のほとんどが血液検査によって発見されるため、定期的な健康診断が大切です。

原因

- ☑ 細菌やウイルスによる感染
- ☑ 寄生虫
- ☑ 服薬の影響

肝臓病になる原因は多数あり、特定することが難しい病気です。細菌やウイルスによる感染、寄生虫や外傷、遺伝的な体質、病気治療のための服薬から起こることもあります。また、肥満などにより肝臓に脂肪が溜まることで負担がかかることもあります。

予防・改善

- ☑ たんぱく質を中心とした食事
- ☑ 食事量を減らし肝臓を休ませる
- ☑ 医師の判断のもと薬物治療

肝臓病は原因が多数あるため、予防が難しい病気です。しかし、肝臓は再生能力がとても高い臓器でもあるため、薬物治療と併せて食事によって回復をサポートすることができます。肝臓に負担をかけないように食事量を減らしつつ、細胞の再生に必要な良質なたんぱく質を中心にし、ビタミンやミネラル類をバランスよく与えるようにしましょう。

C H E C K

肝臓病によって起こる肝性脳症

肝臓病による二次的な病気として「肝性脳症」があります。肝臓の機能障害によって、血液中のアンモニア濃度が高くなり、それが脳に達することで脳症を引き起こすのです。脳神経機能に影響し、意識障害やふらつき、食欲不振、黄疸などの症状が現れます。

RECIPE 04

ホタテ シュウマイ

肝臓を助けるタウリンを含んだホタテと、抗酸化作用があるビタミンA・C・Eが豊富なパプリカを包んだシュウマイ。一緒に肝機能をケアします。

材料 （体重4kgの成猫・4食分）

ベビーホタテ ……………………………… 80g
アスパラガス ……………………………… 1本
パプリカ …………………………………… 1/5個
干ししいたけ（水で戻したもの）…… 1個
シュウマイの皮 ………………………… 8枚
片栗粉 …………………………………… 小さじ1
ごま油 …………………………………… 小さじ1/2

栄養POINT

ホタテのタウリンで
肝機能強化

貝類に豊富なアミノ酸であるタウリンは、肝機能を高めたり、胆汁を生成したりする効果があります。

作り方

1. アスパラガス、パプリカは耐熱容器にのせ、ラップをかけて電子レンジ（600W）で1分加熱する。飾り用のためにアスパラガスを1/2取り分けておき、飾り用は8等分に切る。

2. ベビーホタテをフードプロセッサーで撹拌する。なめらかになったところで、パプリカと1/2のアスパラガスと干ししいたけを加え、みじん切り程度になるまで再び撹拌する。片栗粉とごま油を加えて混ぜる。

3. 2をフードプロセッサーから取り出し、8等分に分ける。シュウマイの皮で包み、飾り用のアスパラガスをのせる。

4. 耐熱容器にのせ、ラップをかけて電子レンジ（600W）で約4〜6分加熱する。 POINT

POINT
ラップはぴったりかけず、シュウマイに密着しないようにふんわりとかける。

保存容器	保存期間
ラップ+保存袋	冷凍で1ヶ月

※1個ずつラップで包み、保存袋に入れて冷凍保存する。

消化器官の不調　便秘

腸内に溜まった便とガスがあらゆる不調の原因に

腸内に便が溜まっている状態です。猫はもともと水分不足になりやすいこともあり、便秘になりやすい体質。飼い主がきちんとチェックしてあげるようにしましょう。腸内に長く便が溜まっていると、有毒なガスが発生し、体に再吸収されてしまいます。そのため、慢性的な便秘はほかの臓器に影響を及ぼすこともあります。

主な症状

- ☑ 排便の回数が減る
- ☑ 排便時に痛みがある
- ☑ 便がかたく、乾燥している

排便の回数には個体差がありますが、一般的に丸2日以上排便がない場合は便秘と見ていいでしょう。また、便が長く腸に留まっていると、便に含まれた水分が体内に再吸収されてしまうため結果として水分量の少ない、かたい便になります。

原因

- ☑ 大腸のぜん動運動の低下
- ☑ 水分摂取量の不足
- ☑ 環境の変化によるストレス

腸などの消化器官の不調の原因として食事の内容や腸内細菌のバランス、ストレスなどが挙げられます。また、高齢になると腸のぜん動運動が低下するため、便秘になりやすくなります。また、肛門付近の外傷や炎症がある場合、その痛みが原因であることも。

予防・改善

- ☑ 水分を十分に摂取させ、排便を促す
- ☑ 食物繊維を摂取し、腸内環境を整える
- ☑ ストレスの原因を取り除く

食事に水分量の多い野菜を使ったり、スープにしたりして、積極的に水分を飲ませるようにしましょう。また、野菜に含まれる食物繊維は、腸内細菌のエサとなり腸内環境を整えるはたらきがあります。ただし、猫は野菜の消化が得意でないため、消化不良にならないように加熱してやわらかくしたり、細かく刻んだりしてから与えるようにしましょう。

CHECK

下剤に頼りすぎないようにしよう

下剤で排便できるのはあくまでその場だけであり、根本的な問題を解決しなければ便秘は治りません。使ってはいけないわけではありませんが、服薬後にはきちんと食事や生活を見直してあげるようにしましょう。

RECIPE 05

サケと ホタテの バターリゾット

バターを使うことで香りと嗜好性がアップします。また、昆布やモロヘイヤの水溶性食物繊維によってとろみがつき、水分摂取量も増やせます。

材料 （体重4kgの成猫・4食分）

サケの切り身（味のついていないもの）
.... 2切れ
ホタテの貝柱 4個
モロヘイヤ 3本
黄ピーマン 1個
ブロッコリー 2房
マイタケ 1/10パック
粉末昆布 小さじ1/2
無塩バター 10g
炊いたご飯 大さじ2
水 150mℓ

作り方

1. モロヘイヤは下茹でして水気を切り、みじん切りにする。**POINT**

2. 黄ピーマン、ブロッコリー、マイタケは1cm幅にする。

3. フライパンに無塩バターを熱し、骨を取り除いたサケの切り身とホタテの貝柱を入れて弱火で表面を焼く。焼き色がついたらフライパンから取り出す。

4. フライパンに水と粉末昆布を入れて火にかける。**2**を加えて弱火で煮込む。

5. 沸騰したらモロヘイヤと**3**を加えて軽く混ぜる。炊いたご飯を加えて火を止め、全体をよく混ぜる。

POINT

沸騰した鍋で30〜40秒ほど茹でたら、ザルにあげて冷水でしめてから水気を切る。

栄養POINT

モロヘイヤの食物繊維で

便秘解消

水溶性食物繊維を多く含むモロヘイヤは腸内環境を改善し、便秘や体のむくみを解消します。

保存容器	保存期間
コンテナ型	冷凍で2週間

消化器官の不調　下痢

一過性のものから重大な病気の可能性まで

水分が多くやわらかい下痢を軟便、ほとんどが水分の下痢を水様便といいます。下痢は消化器官の不調が原因の一過性のものから、ほかの重大な病気の予兆である可能性もあるので注意が必要です。また、下痢に血やゼリー状の粘液が混ざっているようであれば大腸から、黒色の下痢のときは胃や小腸から出血をしている可能性があります。

主な症状

☑ 水のような下痢が出る
☑ 泥状の軟便が出る
☑ 脱水症状がある

消化不良による下痢の場合は、1〜2週間以内で自然と改善します。もし、それ以上続くようであれば、ほかの原因が考えられます。長期間の下痢は脱水症状に陥る危険があるため、下痢止めなどで処置をし、医師の診察を受けてください。

原因

☑ 過食や脂質の多い食事による胃腸への負担
☑ ウイルスや細菌、寄生虫による感染
☑ ストレス

下痢は腸の機能が低下することによって、水分を吸収できなかったり、余分な水分を分泌したりすることが原因です。脂質の多い食事などで一時的に消化不良になるほか、消化器官の炎症や腫瘍、感染症や寄生虫、環境の変化によるストレスなどによって起こります。

予防・改善

☑ 下痢の後は食事を控える
☑ 食事を与えるときは水分を多くする
☑ 消化しやすい食材を選ぶ

下痢のときは脱水ぎみになってしまうため、水分の多いスープなどの食事にするとよいでしょう。また、胃腸などの消化器官に負担をかけないように、食材は消化しやすいものを選び、加熱してやわらかくしたり、細かく刻んだり潰したりしてから与えるようにしましょう。血便が出たときは、捨てずに保管し、診察時に医師に診てもらうようにしましょう。

C H E C K

2週間以上の下痢や血便がある場合は病院に

下痢が慢性的に続いていたり、ひどい血便が出たりする場合は、大腸炎、胃腸炎、腫瘍、膵炎などの深刻な消化器官系の病気や、甲状腺機能亢進症の可能性があります。必ず医師の診断を受けるようにしましょう。

RECIPE 06

タラと じゃがいもの トロトロ煮

消化吸収がよいタラと、とろみ
があり、腸壁を保護する葛粉を
合わせて煮込みました。おなか
の調子に合わせて、具材はみじ
ん切りやペースト状にしましょう。

材料 （体重4kgの成猫・4食分）

タラの切り身（味のついていないもの）
………………………… 4切れ
じゃがいも ………………… 1/2個
にんじん ………………… 1/10本
ブロッコリー ………………… 1房
葛粉 ………………………… 大さじ1
水 ………………………… 400㎖

栄養POINT

じゃがいもの食物繊維で

下痢改善

じゃがいもは胃腸にやさしい水溶性
食物繊維が多く、芋類のなかでも消
化しやすい食材。すりおろすことで
さらに消化しやすくなります。

作り方

1. タラの切り身は骨と皮を取り、1㎝幅に切る。
   POINT

2. じゃがいもは皮をむいてすりおろす。

3. にんじんとブロッコリーはみじん切りにする。

4. 鍋に水とタラ、3を入れて火にかけ、やわらかく
   なるまで煮る。2のじゃがいもを加え、とろみが
   ついたら弱火にする。

5. 葛粉を大さじ3の水（分量外）で溶いて回し入れる。

6. とろみがつくまで、焦がさないように混ぜながら
   煮る。

POINT

皮は端を押さえて包丁
を斜めに当て、身を引
くようにしてはぎ取る。

 保存容器
コンテナ型

 保存期間
冷凍で3週間

消化器官の不調 嘔吐

吐いたものと原因をチェックすることが大切

猫はもともと吐きやすい生き物。エサを丸飲み＆早食いする習性があるため、食べ物が食道に溜まり、未消化のまま吐き戻ししてしまうことがあります。そのため、飼い主は猫が「なにを吐いたのか」「なぜ吐いたのか」を確認することが大切です。吐いた後も元気そうなら心配はいりませんが、ぐったりしていたり、何度も連続して吐いたりするようなら要注意。

主な症状

☑ 1日に何回も激しく嘔吐する

☑ 吐こうとするが吐かない

☑ 異物を吐き出している

吐瀉物が透明な液体や泡状の場合は基本的に問題ありませんが、黄色い液体だったり血が混ざっている場合は病気の可能性があります。また、異物を飲み込んだ際にも吐き出します。体内に異物が残っている可能性があるため、必ず医師の診察を受けましょう。

原因

☑ 過食や早食いによる吐き戻し

☑ 胃腸の不調による消化不良

☑ 食物アレルギー

消化器官に負担がかかったり、炎症や腫瘍などの異常があったりすると嘔吐します。また、空腹が続くと、逆流した胆汁や胃液を吐いてしまうこともあります。特定の食べ物を食べたときに嘔吐するようなら食物アレルギーによる胃炎の可能性もあります。

予防・改善

☑ 嘔吐の後は食事を控える

☑ 食事を与えるときは水分を多くする

☑ 早食い防止用の食器を使用する

1日に何度も嘔吐をするようであれば、食事を控え、胃腸を空にして休ませます。猫は1日程度であれば食事を抜いても問題ありませんが、脱水症状にならないように水分は摂らせるようにしましょう。空腹が原因の嘔吐の場合は、食事を小分けにして与えるように。早食いが原因の吐き戻しは、早食い防止の食器などを試しましょう。

C H E C K

吐瀉物に血が混ざっていたら危険！

吐瀉物に赤い血が混ざっている場合は、口の中やのどをケガしている可能性があります。黒ずんでいたり茶色がかったりしている場合は食道や呼吸器官から出血している疑いがあるため、なるべく早く医師の診察を受けましょう。

RECIPE 07

サムゲタン風 おかゆ

弱った胃腸をいたわり、嘔吐で
失われた水分の補給に最適なお
かゆ。鶏肉の脂質とゼラチン質
が野菜にもしっかりと染み込み、
食欲をそそります。

材料 （体重4kgの成猫・4食分）

鶏手羽元	7本
生米	20g
にんじん	1/10本
じゃがいも	1/3個
ブロッコリー	3房
しいたけ	1個
おろししょうが	少々
水	350ml

作り方

1. にんじん、じゃがいもは1cm角に、ブロッコリー、しいたけは石づきを取り、1cm幅に切る。

2. 鶏手羽元は火が通りやすいように切れ目を入れておく。

3. 鍋に水とおろししょうが、生米、2を入れて火にかける。沸騰してから約2分煮込む。

4. 弱火にして1のにんじん、じゃがいもを加える。蓋をして約15分煮込む。

5. 蓋を外し、弱火で約10分煮込む。とろみが出てきたら、1のブロッコリー、しいたけを入れてさらに約5分煮込む。

6. 火を止めて鶏手羽元を取り出す。あら熱が取れたら身をほぐす。

7. 5を器に盛りつける。6の鶏手羽元を加え、全体をよく混ぜる。

栄養POINT

生のしいたけを使って

水分補給

食物繊維を含むしいたけは、胃腸を
整える作用があります。さらに、生
しいたけは水分の含有量も豊富です。

 保存容器
コンテナー型

 保存期間
冷凍で1ヶ月

皮膚・毛ヅヤ

外敵から身を守る免疫機能の低下

皮膚にはバリア機能があり、ウイルスや細菌、カビなどが体内に侵入するのを防ぐ役割があります。しかし、免疫機能が低下すると、皮膚にかゆみや湿疹などの炎症、フケ、毛がバサバサする、脱毛などの症状が現れます。悪化すると菌やカビが増殖して皮膚病を引き起こし、体内の各部位にも影響を及ぼします。

主な症状	☑毛ヅヤが悪く脂っぽい。フケが多く、かゆみがある ☑毛の一部が抜け、皮膚が見える ☑にきびや発疹などがある フケが増えたり、異臭がしたりします。炎症や発疹などができ、その部位をかゆがって引っかくことで、かさぶたができることも。また、円形の脱毛が見られるようだと、皮膚にカビが生える皮膚糸状菌症という感染症の疑いがあります。
原因	☑免疫力の低下 ☑カビ菌の感染やノミやダニの寄生 ☑食物アレルギー 体力のない子猫やシニア猫のほか、食事の栄養が偏っていたり、病気の療養中だったりすると、免疫力が弱まり感染症にかかりやすくなります。また、食物アレルギーの反応によって、発疹が出ることもあります。その場合は、できるだけ早く医師の診察を受けましょう。
予防・改善	☑オリーブオイルなどを摂取し油分を補う ☑オメガ-3脂肪酸（DHA・EPA）を摂取する ☑シャンプーをしたり保湿剤をこまめに塗ったりする 食事に少量のオリーブオイルを垂らして油分を足し、免疫力を上げて皮膚を整える効果のあるオメガ-3脂肪酸を含む食材を積極的に取り入れるようにしましょう。ただし、油分は与えすぎると肥満の原因になるので注意が必要です。また、こまめなブラッシングのほか、シャンプーをして清潔に保ったり、乾燥した肌に保湿剤を塗ったりすることも大切です。

CHECK

口内環境がグルーミングに影響することも？

猫は舌で体を舐めるグルーミングによって、皮膚の衛生環境を保ちます。しかし、口の中に老廃物が溜まっていたり、歯周病だったりする場合、口内の汚れがグルーミングによって体全体に広がってしまいます。口と体から異臭がしたら要注意です。

サバ缶と
じゃがいもの
おやき

サバの缶詰は骨や血合いが丸ごと食べられるため、生のサバよりも栄養価が高いといわれています。オメガ3系の脂肪酸もたっぷり摂れる一品。

材料 （体重4kgの成猫・4食分）

サバの水煮缶 ………………………… 1個
じゃがいも ……………………………… 1個
ごま油 ………………………………… 適宜

作り方

1. サバの水煮缶は汁気を切る。

2. じゃがいもはすりおろす。

3. サバの身をボウルに入れ、ほぐしながら2のじゃがいもを混ぜる。

4. 全体が混ざったら4等分して丸めてタネを作る。

5. フライパンにごま油を熱し、4のタネを入れて焼く。
   POINT

6. 水分が飛び、焼き色がつくまで焼く。

POINT

タネがやわらかいので、フライパンの上で成形しながら中火で焼く。

栄養POINT

サバのオメガ-3脂肪酸
（DHA・EPA）で

皮膚を守る

サバに含まれるオメガ-3脂肪酸（DHA・EPA）は皮膚の免疫力を高め、炎症を予防・改善する効果があります。

保存容器		保存期間
ラップ＋保存袋		冷凍で2週間

※1個ずつラップで包み、保存袋に入れて冷凍保存する。

肥満

過剰な体脂肪があらゆる病気の原因になる

丸々と太った猫は一見愛らしくもありますが、肥満は健康の大敵です。糖尿病や高血圧などの生活習慣病をはじめ、肝臓や心臓の病気、関節痛やヘルニアなどの原因になります。とくに猫は一度太ると痩せにくい体質のため、ダイエットにはとても時間がかかります。まずは、食事量や運動量を見直し、太らないようにすることが大切です。

主な症状

- ☑ 脂肪肝、肝硬変になりやすくなる
- ☑ 心臓に負担がかかり心臓病になりやすくなる
- ☑ 背骨に負担がかかりヘルニアになりやすくなる

内臓脂肪が肝臓に蓄積したり、動脈硬化の原因になったりすることで各臓器にダメージを与えます。命に関わる深刻な病気を引き起こすことも珍しくありません。体重が増加することで猫の体を痛め、運動量を減少させる要因にもなります。

原因

- ☑ 過食や高カロリーな食事
- ☑ 運動不足
- ☑ 加齢による代謝の低下

猫の運動量に見合わない食事量とカロリー摂取が原因です。とくに、おやつを与えすぎたり、人間用の高カロリーな食べ物を与えたりするのはNG。また、加齢によって代謝が落ちているにもかかわらず、若猫用の高カロリーな食事を与え続けるのも原因になります。

予防・改善

- ☑ 食事によるカロリーコントロール
- ☑ 十分な量の運動
- ☑ 毎日の体型チェック

猫の肥満を予防するためには、飼い主が猫の適正体重と体型を把握し、基準値を超えないように日々チェックすることが大切です（→P71）。また、加齢につれて運動量が減り肥満になりやすくなるため、年齢に合わせて食事内容を見直し、徐々に減らしたり、食材を低カロリーなものに変えたりして、移行していきましょう。

C H E C K

肥満が皮膚病を引き起こす？

極度の肥満体型の猫は自分で体をグルーミングすることができません。そのため、体を清潔に保つことが難しく、毛ヅヤが悪くなり、皮膚病になりやすくなります。また、おなかの皮膚が床とこすれて炎症を起こしてしまうこともあります。

RECIPE 09

鶏ささみと豆腐ミートボールのスープ

低カロリーな鶏ささみと豆腐で作ったミートボール。たっぷりの野菜と一緒に煮込むことで、おいしく食べながらダイエットすることができます。

材料 （体重4kgの成猫・4食分）

鶏ささみ ………………………… 200g
豆腐（絹） ……………………… 1/3丁
キャベツ ……………………… 葉1枚
セロリ ……………………………… 20g
チンゲン菜 …………………… 葉2枚
パプリカ ………………………… 1/7個
しめじ …………………… 1/2パック
大根 ……………………………… 20g
トマト …………………………… 1個
片栗粉 …………………………… 適宜
水 ………………………………… 350mℓ

作り方

1. 豆腐は水切りをする。

2. キャベツ、セロリ、チンゲン菜、パプリカ、しめじは1cm幅に、大根は1cm角、トマトは2cm角に切る。

3. 鶏ささみはたたいてミンチ状にする。 POINT

4. 3に豆腐と片栗粉を加えて混ぜ、よくこねる。

5. 鍋に水と2を入れて火にかけて沸騰させる。

6. 3をスプーンですくってミートボール状に形を整えながら、鍋に入れて煮込む。

栄養POINT

鶏肉のメチオニンで 肥満予防

鶏に豊富なメチオニンは必須アミノ酸のひとつ。脂肪肝を予防するはたらきがあります。

POINT

鶏ささみは筋を取り、粗みじん切りにしてから、包丁の背で細かく叩く。

保存容器	保存期間
コンテナー型	冷凍で3週間

糖尿病

血液中の血糖値が上がり、危険な合併症を引き起こす

糖尿病は血液中を流れるブドウ糖が異常に増え、持続的に血糖値が高くなる病気です。進行すると、心臓病や腎臓病、失明、ケトアシドーシスなどのおそろしい合併症を引き起こします。本来であれば、血糖値は膵臓から分泌されるインスリンというホルモンによって調節されますが、糖尿病になるとこのインスリンが分泌されなくなってしまうのです。

主な症状

☑水分摂取と尿量が増える

☑過食ぎみなのに痩せていく

☑常に寝ていたり、ぐったりしたりしている

初期状態では自覚症状がほとんどなく、重度の糖尿病になると糖が混ざった尿をするようになります。糖と一緒に大量の水分が排泄されるため、脱水症状になり、多飲多尿の症状が現れます。また、糖をエネルギーに変換することができないため、痩せていきます。

原因

☑過度な肥満

☑膵炎などの病気による併発

☑遺伝的な体質

糖尿病は肥満により血液中の血糖値が高まったり、膵臓の不調によってインスリンが分泌されなくなったりすることが原因で起こります。また、肥満や膵臓の健康に気をつけていても、糖尿病になりやすい遺伝的な要素により、発症することもあります。

予防・改善

☑インスリンの投与

☑高たんぱく質低炭水化物の食事

☑十分な水分補給をし、排尿を促す

糖尿病の予防には肥満にならない食事が大切。糖尿病になってしまった場合には、インスリンを投与して膵臓の働きをサポートしつつ、食事療法を行います。血糖値を抑えるために、糖質を含む炭水化物を制限した食事にします。また、筋肉を維持するために高たんぱく質な鶏肉や豚肉などの食材がおすすめです。

C H E C K

インスリン投与で気をつけたい低血糖症

自宅でのインスリン投与は糖尿病治療の基本。膵臓に代わって糖を分解するほか、膵臓を休ませて臓器の機能回復を促します。しかし、過剰投与すると「低血糖症」になり、ふらつきや昏睡を起こします。必ず適切な回数と分量を守りましょう。

RECIPE 10

野菜たっぷりスパニッシュオムレツ

野菜たっぷりの食べ応えのあるオムレツです。食物繊維が多いので、体内の老廃物を吸着して排泄する効果が期待できます。

材料 （体重4kgの成猫・4食分）

鶏ひき肉 ……………………………… 70g
にんじん ……………………………… 1/6本
赤ピーマン …………………………… 1/3個
小松菜 ………………………………… 10g
マイタケ ……………………………… 10g
桜エビ ………………………………… 5g
卵 ……………………………………… 2個
オリーブオイル ……………………… 適宜

作り方

1. にんじん、赤ピーマン、小松菜、マイタケは粗みじん切りにする。 POINT

2. フライパンにオリーブオイルを熱し、鶏ひき肉を入れて炒める。

3. 1を加えて炒める。

4. 卵を割りほぐし、回し入れる。卵が固まる前に桜エビを加え、焼き色がつくまで焼く。裏返し、もう片面も同様に焼く。

5. フライパンから取り出し、8等分に切る。2枚分を盛りつける。与えるときは食べやすいように崩す。

栄養POINT

赤ピーマンのβ-カロテンで 膵臓を守る

赤ピーマンに豊富なβ-カロテンには、抗酸化作用があり、膵臓の健康を保ちます。

POINT

具材を切る大きさは、猫の好みのサイズに合わせて調節するとよい。

保存容器	保存期間
ラップ＋保存袋	冷凍で2週間

※1個ずつラップで包み、保存袋に入れて冷凍保存する。

猫の手
3
アドバイス

歯の健康とデンタルケア

「猫に歯みがきって必要なの?」と思っている飼い主さんもいるかもしれませんが、実は3歳以上の猫の8割が歯周病といわれています。歯周病は口臭の原因となるだけでなく、体調不良や命に関わる病気にも繋がります。毎日のケアで予防・改善することが大切です。

ADVICE 1　本当は恐ろしい歯周病

猫は口の中に虫歯菌がいないため、虫歯になることはありません。しかし、食事によって溜まる歯垢が原因となり、歯茎に炎症を起こす歯周病を引き起こします。歯周病が悪化すると歯茎から出血し、歯が抜けて落ちてしまうほか、その傷口から歯周病菌が体内に入り込み心臓病などの要因になるのです。

軽度の歯周病	▶	重度の歯周病	▶	歯周病による感染症

口臭・よだれ

歯肉が赤く腫れ、口臭がきつくなりよだれが多くなる。また、猫がグルーミングすることでよだれの臭いが全身に移り、アンモニア臭のような体臭になる。

歯肉の出血・歯が抜ける

炎症が進み歯肉から出血し、痛みによって食欲不振になる。歯肉が縮小することで歯の根本が見え、ぐらつく。悪化すると、歯が抜け落ちることがある。

心臓病・動脈硬化

歯の根本は血管と繋がっているため、歯周病菌が歯の奥まで侵入するとそこから全身に巡る。臓器や骨が感染症を起こし、心臓病などを引き起こす。

ADVICE 2　歯みがきグッズを使おう

歯周病の予防・改善のためには、しっかり歯みがきをして、歯石を作らないようにすることが不可欠です。歯ブラシを使ってみがくことが一番ですが、それがむずかしい場合には、歯みがきシートやおもちゃ、おやつなどを活用しましょう。近年はさまざまな猫用のデンタルケア商品が展開されています。

歯ブラシ

歯の汚れを取ったり、歯肉をマッサージしたりする。猫の口に合わせてヘッドが小さいため、奥歯までみがくことができる。もっとも汚れを落とすことができる。

写真提供:
株式会社マインドアップ
商品名:猫口ケア 歯ブラシ
マイクロヘッド

液状歯みがき

液状の歯みがき剤。歯ブラシや歯みがきシートにつけて使用する。猫が好む味がするため、歯みがきに慣らすためにも活用できる。

写真提供:
株式会社マインドアップ
商品名:猫口ケア
液状はみがき

NYANKO CARE
猫口ケア
Dental Care
Liquid Paste
液状はみがき
milk flavor
mind up

歯みがきシート

シートを指に巻きつけて、猫の歯や歯肉の汚れを拭き取ったり、マッサージしたりできる。歯ブラシに慣れていない猫に使う。

歯みがき用のおやつ

歯の汚れや歯垢を落とす効果のあるスクラブ入りのおやつ。口に触れるのが難しい猫に使う。猫とのスキンシップにも使える。

歯みがき用のおもちゃ

猫が噛んで遊ぶことで、歯の汚れや歯垢を落とす効果のあるおもちゃ。おやつと同じく、口に触れるのが難しい猫に使う。

ADVICE 3　正しい歯みがきの仕方を知ろう

歯ブラシを使って歯みがきをするときに、ゴシゴシと強くこするのはNG。猫が痛がりますし、歯肉を傷つけてしまう可能性があります。ブラシの毛先でやさしく撫で、汚れを外にかき出すようにみがいてあげるのがコツです。前歯だけでなく、汚れが溜まりやすい奥歯もしっかりとみがいてあげましょう。

☑ 前歯

犬歯・
切歯

歯ブラシは鉛筆のように軽く持つ。指で上唇をめくり、毛先が歯と歯肉の間に45度の角度で当たるようにし、毛先を小刻みに左右に動かして汚れをかき出す。

☑ 奥歯

前臼歯・
後臼歯

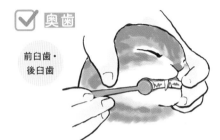

猫の頭を手で固定してから上唇を親指で持ち上げて、歯を出す。歯ブラシを猫の口の奥まで入れたら、毛先を歯と歯肉の間に当ててみがく。

ADVICE 4　歯みがきが苦手な猫の慣らし方

猫の口周りや歯は敏感な部位です。幼少期から歯みがきに慣れていない猫の場合は、人に触られることを嫌がります。猫が歯みがきでストレスを感じたり、暴れてケガをしたりしないように、まずは指で口周りを触られることに慣れるようにしましょう。徐々にステップを踏み、最終的に歯ブラシで歯みがきができるようにします。

\STEP/
1 口に触ることに慣れる

指先で口に触れるところからはじめましょう。猫が触らせてくれたら、褒めたりおやつなどのご褒美をあげたりします。慣れてきたら、唇をめくったり、口の中に指を入れたりしてみましょう。猫が嫌がったら、すぐに止めるようにしてください。

\STEP/
2 湿らせたガーゼやシートで触る

猫の口の中に指を入れても嫌がらないようになったら、指に湿らせたガーゼか歯みがきシートを巻いて、猫の歯の表面をこすってみましょう。前歯からはじめて、段々と奥歯に触れるようにします。

指に巻いたガーゼやシートに猫の好きな味のするだし汁や歯みがき粉などをつけてもOK。猫が嫌がらない工夫をしましょう。

\STEP/
3 歯ブラシに慣れさせる

奥歯に触れても大丈夫なようなら、次はいよいよ歯ブラシの出番です。まずは歯ブラシに慣れさせるために、唇につけたり前歯につけたりし、そのたびに褒めたりご褒美をあげたりします。歯ブラシに慣れたら、前歯から奥歯までなぞります。慣れるまではしっかりみがけなくてもOKです。

不安を解消　疑問を解決

手作りごはん Q&A 4

Q

猫がごはんを残すように
なってしまいました。

A

体調不良の様子がないようなら、
加齢による
食欲低下かもしれません。

成長期の若猫は多くのエネルギーを必要とするので、食べる量も多いですが、シニア期に入ると、猫の食欲は落ち着き、以前より食べる量が少なくなります。ライフステージを確認して、食事量の切り替えを検討しましょう。

Q

手作りごはんにサプリメント
をプラスしてもいいですか？

A

基本的に必要なし。
使用する場合には栄養過多に
ならないよう成分確認を。

バランスのよい食事が摂れていれば基本的にサプリメントは必要ありません。しかし、偏食がひどかったり、病気の症状を抑えたりする必要があるときに使用することも。同じ成分・効果のものを重複して使うと、健康被害につながるのでしっかり確認をしましょう。

Q

手作りごはんが食べられる
ようになったら市販の
フードは必要ありませんか？

A

不測の事態や災害時などのために、
保存食として備えておきましょう。

普段の生活が手作りごはんだとしても、例えば飼い主さんがけがや病気のときや、災害時の避難場所などで、ごはんを作ることができない状況に必要になります。保存食として備えておき、定期的に食べさせて慣れているようにしておきましょう。

Q

残したごはんは、次の食事に
回しても大丈夫ですか？

A

口をつけたごはんは雑菌が
繁殖するため、食べきれない分は
処分してください。

一度猫が口をつけたごはんは、唾液から雑菌が繁殖してしまいます。また、水分の多い手作りごはんは、乾燥した市販のフードよりも傷みやすいため、長時間常温に置かないようにしてください。一度に食べられなそうなら、少量ずつ出すようにしましょう。

CHAPTER **5**

特別な日の
ごほうび
おやつレシピ

普段の食事とは別腹の手作りおやつ。
猫と飼い主のコミュニケーションや
ストレスの軽減にも役立ちます。

おやつで猫とコミュニケーションをとろう

おやつは食事以外の時間に与えるちょっとした間食。猫と飼い主とのスキンシップのほか、猫へのしつけやご褒美に使います。ただし、甘やかしや肥満の原因になってしまうため、与え方には注意が必要です。おやつのメリット・デメリットを押さえて、正しい与え方を身につけましょう。

おやつはどういうときに与える？

毎日の猫とのスキンシップのほか、しつけのご褒美や、
嫌なことがあったときのストレスケアとして与えましょう。

飼い主と猫とのスキンシップ

健康的な面で見ると、基本的におやつは不要です。ただし、飼い主の手から直接与えるおやつは、猫と触れ合うための重要なツール。おやつ時間は猫とのコミュニケーションをはかるための時間でもあるのです。

しつけのご褒美とストレスケア

長い留守番や病院、爪切りなどの後の猫は強いストレスを受けている状態です。心のケアのためにおやつを与えてあげましょう。また、引っ越しなどの新しい環境に不安を感じているときにもおやつは有効です。

与えすぎに注意！

おやつはカロリーが高いものもあるため、与えすぎると肥満の原因になります。必ず与える量と回数を決めて、猫が欲しがって甘えてきても必要以上に与えないように。また、家族など複数人で飼っている場合には、おやつを与えたことを共有するようにしましょう。

ごはんとのバランスをとることが大切

おやつは大切なコミュニケーションツールですが、
与えすぎてごはんを食べなくなるようではいけません。

☑ 与える回数は 1日3回以内が目安

おやつを与える回数に明確な決まりはありませんが、普段のコミュニケーションとしてなら1日に2～3回以内を基準にしましょう。病院や爪切りなどがあったときには、プラスしてもかまいませんが、カロリーオーバーにならないように。全体の量は変えずに小分けにして与えるようにしましょう。

☑ 食前ではなく 食後に与えよう

ごはんの前におやつを与えてしまうと、おなかがいっぱいになり、ごはんを残したり、追加のおやつを催促するために、わざとごはんを食べなくなったりする場合があります。おやつは必ずごはんをしっかり食べ切った後に与えるようにしましょう。

おやつのタイプと特徴

おやつには大きく分けて、水分をたっぷり含んだウエットタイプと、
水気の少ないジャーキーなどのドライタイプがあります。

☑ ウエットタイプ

水分補給もできる

水分をたっぷり含んだ、ペーストタイプやアイスタイプのおやつ。食事以外でも水分を摂取することができます。

☑ ドライタイプ

しつけに便利

ちぎったりして小分けにして与えることができます。カロリーを気にしているときには、普段より細かくして少量を与えましょう。

しらす
せんべい

ごまとだし汁の香り豊かなひと口サイズのせんべいで、しらすのカルシウムがたっぷり摂れます。細かく砕けばふりかけ代わりにも。

材料 （体重4kgの成猫・4食分）

しらす ……………………………… 20g
すりごま …………………………… 3g
だし汁（カツオ節）……………… 50㎖
片栗粉 ……………………………… 20g
サラダ油 ………………………… 適量

作り方

1. しらすは湯通しし、塩を抜いておく。

2. しらす、すりごま、だし汁、片栗粉をボウルに入れ、よく混ぜる。

3. フライパンにサラダ油を熱し、余分な油をキッチンペーパーで拭き取る。

4. 2を大さじ1ずつフライパンに入れて焼く。

5. 生地が焼けたら、ひっくり返して裏面も同様に焼く。
   POINT

POINT

生地は両面がパリパリの食感になるまで焼くのがポイント。

保存容器	保存期間
ラップ+保存袋	冷凍で1ヶ月

※1食分ずつ平らにラップで包み、保存袋に入れて冷凍保存する。

栄養POINT

すりごまのセサミンで
体の酸化を防ぐ

ごまはビタミンやミネラルのほか抗酸化作用のあるセサミンが豊富。いりごまより、かたい殻を砕いたすりごまのほうが消化しやすく香りも出るのでおすすめです。

RECIPE 02

ささみ ジャーキー

鶏ささみを使った使い勝手の よいおやつです。だし汁に漬け 込むことで、香りがつき猫の食 欲をいっそう刺激します。手作 りのため添加物の心配もあり ません。

材料 （体重4kgの成猫・4食分）

鶏ささみ ……………………………………… 1本
だし汁（カツオ節）………………… 100㎖

作り方

1. 鶏ささみの筋を取り、細切りにする。

   鶏ささみをだし汁に約30分漬け込み、香りづけを
   する。POINT

3. フライパンに油を引かずに**2**を入れる。

4. 水分が飛ぶまで焼く。くっつく場合には、薄く油（分
   量外）を引く。または、クッキングシートを敷いて
   焼くとよい。

栄養POINT

鶏ささみのたんぱく質で

肥満解消

鶏ささみは低カロリー高たんぱく質 な食材。猫の食いつきもよく、肥満 対策のおやつとしても有効です。

POINT

香りづけに使うだし汁 は、猫が好みのものに 変えてもOK。

保存容器	保存期間
ラップ＋保存袋	冷凍で1ヶ月

※1食分ずつ平らにラップで包み、保存袋に入れて冷凍保存する。

タラとカニ缶の かまぼこ

カニ缶を使った特別な日の豪華なかまぼこ。カニは猫が好む食材で市販のおやつでもよく使用されています。猫用のカニ缶を使用してもOK。

材料 （体重4kgの成猫・4食分）

タラの切身（味のついていないもの）
.... 1切れ
カニ缶 20g
塩 2つまみ

作り方

1. タラとカニの身を叩いてミンチにする。**POINT**
2. 塩を加え、まとまりがでるまで練る。
3. 平たい耐熱容器の上にクッキングシートを敷き、タネの1/2を広げ、3mm程度の厚さにする。
4. 電子レンジ（600W）で1分半加熱する。残りの1/2も同様に加熱する。
5. あら熱が取れたら、食べやすい大きさに切り、器に盛りつける。

POINT

フードプロセッサーで攪拌すると、手早くミンチ状にできる。

栄養POINT

カニのタウリンで
肝機能強化

カニには猫に必要な栄養素のタウリンが豊富。ただし、生のカニにはビタミンB1を破壊するチアミナーゼが含まれるため、必ず加熱したものを与えましょう。

保存容器	保存期間
ラップ＋保存袋	冷凍で1ヶ月

※1食分ずつ平らにラップで包み、保存袋に入れて冷凍保存する。

RECIPE 04

小魚スナック

そのまま食べても美味しい煮干しですが、白ゴマと合わせることで香りがちょっと変わります。飼い主とも一緒に食べられるおやつです。

材料 （体重4kgの成猫・4食分）

煮干し ······················· 15g
白すりごま ···················· 2g
てんさい糖 ···················· 8g
水 ·························· 4㎖

作り方

1. フライパンに水を入れ、弱火にかける。

2. 沸騰したらてんさい糖を加える。混ぜたら固まってしまうので、フライパンをゆすりながら溶けるまで加熱する。**POINT**

3. 煮干しと白すりごまを加えて手早く混ぜたら、火を止める。

4. 全体が馴染むまで混ぜる。

5. クッキングペーパーに取り、くっつかないように広げて、あら熱を取り、乾燥させる。

栄養POINT

てんさい糖のオリゴ糖で
便秘解消

てんさい糖には、腸内環境を整える天然のオリゴ糖が豊富です。普通の砂糖よりも、食後の血糖値の上昇が緩やかなので、糖尿病予防にも効果があります。

POINT

てんさい糖はカロリーが低く、少量なら猫に与えてもOK。ほんのりと甘いため人間も食べられる。

保存容器	保存期間
ラップ＋保存袋	冷凍で1ヶ月

※1食分ずつ平らにラップで包み、保存袋に入れて冷凍保存する。

あんこと クリームチーズの スイートポテト

さつまいもにあんことクリームチーズを包んだ、特別な日のおやつ。さつまいもは胃腸を強くするので、便秘解消にも有効です。

材料 （体重4kgの成猫・4食分）

さつまいも	1本
あんこの缶詰	1/4缶
クリームチーズ	30g
卵黄	少々
バター	10g

栄養POINT

クリームチーズのビタミンAで

皮膚を守る

香りの強いチーズは猫が好む食材です。たんぱく質やカルシウムのほか、猫に必須のビタミンAなどの栄養素も豊富。肥満防止のため与えすぎに注意。

作り方

1. バターは常温に戻しておく。

2. さつまいもはよく洗い、アルミホイルで包む。オーブン（160℃）で約30分加熱する。

3. さつまいものあら熱が取れたら皮をむく。潰して裏ごしし、バターを加えてよく混ぜる。

4. 3の生地を8等分する。そのうちの4つ分はあんこを包み、形を整える。残りの4つ分はクリームチーズを同様に包む。**POINT**

5. つや出し用に溶いた卵黄をぬり、オーブン（170℃）で約10分加熱する。

POINT

生地は円形になるように伸ばして、その上に丸めたあんこをのせる。中身がはみ出さないようにしっかり包む。

 保存容器 ラップ+保存袋

 保存期間 冷凍で1ヶ月

※1個ずつラップで包み、保存袋に入れて冷凍保存する。

RECIPE 06

だし汁と
サバ缶の
アイス

さば缶とささみで作った、夏の
暑い日のおやつにぴったりの
アイス。舌に貼りつかないよう
に、一度水で濡らしてから与え
ましょう。

材料 （体重4kgの成猫・20食分）

サバの水煮缶 ……………………… 1/2缶
鶏ささみ …………………………… 1本
だし汁（カツオ節）………………… 200mℓ
片栗粉 ……………………………… 小さじ1

作り方

1. 鶏ささみは筋を取り、ぶつ切りにする。サバの水
   煮缶は汁気を切り、ひと口大に切る。

2. 鍋にサバとだし汁を入れて火にかけ、ひと煮立ち
   させる。

3. 鶏ささみの色が変わったら火を止め、片栗粉を入
   れてとろみをつける。

4. あら熱を取り、フードプロセッサーでペースト状
   に攪拌する。

5. 4をシリコン型に流し入れ、冷凍庫で2時間冷や
   し固める。 POINT

栄養POINT

だし汁の水分で
水分摂取

猫が好きな香りのついた
だし汁は、あまり水を飲
まない猫の水分摂取に
役立ちます。アイスは凍
らせずにそのままペー
ストであげてもOK。

POINT

アイスを凍らせるには、
100円ショップなどで
購入できるシリコン型
を使うのがおすすめ。

 保存容器
シリコン型

 保存期間
冷凍で1ヶ月

猫の手
4
アドバイス

猫はダイエットがしにくい生き物

猫は犬以上に体型維持をしっかりしなくてはいけない生き物で、肥満体型になってしまうと、なかなか元の体型に戻ることができません。そして、過度な肥満になると病気の原因や手術の障害となってしまいます。

ADVICE 1　猫は運動不足になりやすい

犬の場合は、食べすぎたり肥満になったりしても、散歩や遊びの運動量を増やすことでダイエットすることができます。しかし猫の場合は散歩をすることはなく、行動範囲も家の中だけ。もともと長時間の運動に向いていないこともあり、常に運動不足の状態です。さらに、去勢、避妊手術をすることで太りやすい体質になります。

✅ 運動不足になりやすい3つの理由

❶
短距離ランナーなので長距離の運動は苦手

❷
成猫は好奇心が落ち着き、遊びが減る

❸
シニア猫は足腰の筋力や体力が落ち、運動量が減る

犬は長時間走り続けることができる長距離ランナーであるのに対し、猫は瞬発的な身体能力で勝負する短距離ランナーです。そのため、犬のようにずっと走ったり遊び続けたりすることができず、すぐに疲れてしまいます。

子猫のときは好奇心が旺盛で、飼い主にかまったり、一緒におもちゃで遊んだりしてくれます。しかし、成長すると子猫のときほどおもちゃに興味を示さなくてしまいます。遊ぶ時間が減ればその分、運動量も減ってしまうのです。

人間にもいえることですが、老いると筋力が落ち、激しい運動をすることが難しくなります。体力も減るため、遊ぶ時間よりも寝ている時間のほうが長くなるのです。当然、運動量も減るため、脂肪を燃やすことが難しくなります。

 肥満になることで手術ができなくなる ....

シニアになると病気やけがのリスクが高まります。ときには麻酔をする手術が必要になるかもしれません。しかし、麻酔薬は脂肪に溶け込んでしまう性質のため、肥満体型の猫の場合は標準体型の猫よりも大量に投与しなくてはいけません。投与量が増えれば、術後に麻酔から目覚めるまでに時間がかかることになり、体への負担や事故の危険性も高くなるのです。

ADVICE 2　肥満防止のために

肥満防止のためには、適切な運動量と食事量が大切です。猫は一度にたくさんの運動をすることができないため、日頃から自然に運動するような環境作りをする必要があります。また、太ってきたときには、食事の内容を見直し、カロリーの低いごはんに切り替えるようにしましょう。

☑ 運動量の確保

室内ではどうしても移動距離に限りがあるため、キャットタワーなどを設置して上下運動を促すようにしましょう。また、毎日飼い主がおもちゃで猫と遊んであげる時間を十分に設けることも大切です。なかなか一緒に遊んであげる時間が取れない場合は、ひとり遊び用のおもちゃも用意しましょう。

おもちゃ

キャットタワー

写真提供：株式会社ペッツルート
商品名：カシャカシャ紙ひもじゃらし トリ

写真提供：アイリスオーヤマ株式会社
商品名：キャットランド
CLD-240B　ブラウン

NG行為　急に運動量を増やす／食後に激しい運動をする

突然、運動量を増やしたり無理に運動させたりすると、けがにつながります。また食後の激しい運動は胃に負担をかけ吐き戻しの原因になるため、運動は食前にしましょう。

☑ 食事量・カロリーの見直し

猫の食事量には個体差があるため、体型に大きな変化がない限りは猫が食べたいだけ与えてもかまいません。しかし、加齢によって代謝や運動量が減ると、今までの量の食では多すぎることもあります。急に食事量を減らすとストレスになるため、かさ増し食材でカロリーオフになるようにしましょう。

かさ増し食材

もやしや白菜など水分量の多い野菜類やカロリーがない寒天などがおすすめ。

NG行為　極端に食事の量を減らす／間食の与えすぎ

極端に食事の量を減らすと猫へのストレスになるほか、必要な栄養を摂れずに栄養失調になってしまうこともあります。獣医師と相談しながら、様子を見て減らしていきましょう。また、食事量やカロリーを見直しても、おやつを与えすぎては意味がありません。適切な量だけを与えるように。

飼い主が食事量をコントロールする

家族で猫を飼っている場合は、ごはんを与えた時間、回数、内容などの情報を共有することが大切です。また、多頭飼いをしている場合は、ほかの猫のごはんを食べてしまうことがあるので、飼い主がしっかり管理しましょう。

猫の健康を守るひと皿の愛情

猫は大切な家族の一員。

少しでも長く元気でいてほしいと願う

飼い主さんがほとんどでしょう。

毎日の食事にちょっと工夫をするだけで、

猫の健康を守り、病気になりにくい体を

作ることができます。

今は手作りごはんの情報は

インターネットを検索すれば無数に出てきます。

よく考えられた素敵なレシピが数多くある一方で、

情報が古いものであったり、正しい知識のもとで

考えられた食事でないものもたくさんあります。

手作りごはんを作るうえで、

迷ったり不安に思ったりすることがあったら、

お気軽にペット食育協会®の指導士に

相談してみてください。

あなたに寄り添い、的確なアドバイスをしてくれるはずです。

監修者　**須﨑恭彦**

・須﨑動物病院院長　・ペット食育協会会長
・ペットアカデミー主催
・九州保健福祉大学　客員教授

獣医師。獣医学博士。ペットアカデミー主催。1969年生まれ。「薬に頼らないで体質改善」をキャッチフレーズに、食事療法やデトックス、ペットマッサージなどで体質改善、自然治癒力を高める医療を実践。「なぜそのような症状が起こるのか」という根本的な原因を探り、それぞれの猫に合った方法で改善を目指す。

須﨑動物病院
http://www.susaki.com

TEL: 042-629-3424
平日（祝祭日を除く）
10:00~13:00、15:00~17:30
FAX: 042-629-2690
※病院での診察、電話相談ともに予約制です。

ペット
食育協会
について

「ペット食育協会®（Alternative Pet Nutrition Association;APNA）」は、「流派にとらわれずにペットの栄養学や食に関する知識を学び、ペットの食事内容を飼い主が自信を持って選択できる判断力を身につけるために必要な情報の普及」と、日本の食文化の発展に寄与することを目的に2008年（平成20年）1月15日に設立されました。

〒193-0833　東京都八王子市めじろ台2-1-1
京王めじろマンションA棟310号室
TEL:042-629-2688

http://www.apna.jp

レシピ提供者のみなさま

本書籍に掲載されている「はじめて作る 猫の健康ごはん」のレシピは、
ペット食育協会（APNA）が認定した、
ペット食育指導士のみなさまからご提供いただきました。

阿部弘子

ペット食育協会®認定上級指導士。国際中医薬膳師。ペットと飼い主さんが一緒に楽しむ食を提案。薬膳教室「嬉美の食卓」とおやつショップを運営。

アッサンブラージュ
http://assemblage-nagano.com

安藤 愛

ペット食育協会®認定上級指導士。鎌倉から山中湖に移住し、Mダックス4頭と暮らす。著書に『おひとりさまとローズ一家』（主婦の友社）がある。

Seaside Rose
https://seasiderose.jp

上住裕子

ペット食育協会®認定上級指導士。国際中医薬膳師。ペットだけでなく飼い主の栄養にも精通。「簡単！美味しい！楽しい！」をモットーに食育講座を開催。

ペット食育協会（APNA）
http://www.apna.jp/instructor/p05.html

河村昌美

ペット食育協会®認定上級指導士。ペット栄養管理士。料理が苦手な方でも作れちゃう、超簡単な手作り食をお伝えしています。カメラマンとしても活動中。

ペットのごはん講座
https://chu-u.amebaownd.com/

こばやし裕子

ペット食育協会®認定上級指導士。猫さんと遊びたいのに逃げられてしまう保護犬出身の黒柴「そば」と生活中。キャットフードとのコラボご飯レシピも作成。

singkenken そ、気楽にいきましょ〜♪
http://blog.livedoor.jp/uchiwangohan/

黒沼朋子

ペット食育協会®認定上級指導士。ペット栄養管理士・JKC公認トリマー。国際薬膳食育士。シアンシアン代表。ペットを笑顔にするレシピは日々更新中！

こだわりの優しさを
毛むくじゃらの君たちへ・・・
https://ameblo.jp/shien-shien

新胡博一

ペット食育協会®認定上級指導士。分子栄養学を学び、ペットの食事や口内ケア、腸内環境の改善などのアドバイスをしている。

ワンちゃん・猫ちゃんの食事ケア
https://pet-nutrition-shinko.jp/

鈴木美由起

ペット食育協会®認定上級指導士。「食育講座」のほか「猫の歯磨き・口内ケア」「毎日のケア」等、猫の健康元気のための講座を開催し好評を得ている。

キャットシッター福猫本舗
http://catsitter.fukunekohonpo.com/

関口清美

ペット食育協会®認定上級指導士。調理師。ペット栄養管理士。12匹の犬猫と暮らす。食育講座の開催のほか、宿でペットのごはんやケーキを提供。

伊豆の愛犬と泊まれる天然温泉宿
アップルシード
http://appleseed.red

高岡まちこ

ペット食育協会®認定上級指導士。「手作りごはんでペットもイキイキ健康生活」をモットーに、ペット食育講座の開催と情報発信をしている。

手作りごはんでペットもイキイキ健康生活
https://r.goope.jp/chiwawaas

花木志帆

ペット食育協会®認定指導士。博多で犬猫の手作りごはん専門店「CADOGDELI」を経営。健康維持・食事の楽しみの情報発信をしながら活動を行う。

CADOGDELI
http://cadog.net/

板東聖子

ペット食育協会®認定上級指導士。「人もペットも食べたもので体は作られる」をモットーにペットの食に関する講座やレシピ開発等を行っている。

こーぎーらへん
https://corgi-lachen.com/

福嶋真奈美

ペット食育協会®認定指導士。愛猫のアレルギー疑惑から食育の道へ。頑固な飼い猫に苦心し、何度も心折れた経験をもとに、飼い主目線で指導中。

「らくに、まる〜く」
猫の手づくりごはん、やってます
https://ameblo.jp/raku-ni-maru-ku

藤根悦子

ペット食育協会®認定上級指導士。ペット栄養管理士。薬膳インストラクターの資格を持ち、現代栄養学と薬膳を統合した、身体にやさしい手作り食のアドバイスを提供。

犬めし亭
https://inumeshitei.jp

🐾 STAFF

編集	伏嶋夏希（マイナビ出版）
	川島彩生（スタジオポルト）
デザイン	田山円佳（スタジオダンク）
撮影	三輪友紀（スタジオダンク）
フードスタイリング	木村遥、福田みなみ
イラスト	ぢゅの

参考文献
『愛猫のための症状・目的別栄養事典』須﨑恭彦（講談社）

ニャンコのための
おいしくて栄養満点な40レシピ

はじめて作る
猫の健康ごはん

2021年10月30日　初版第1刷発行

監修	須﨑恭彦　獣医学博士/須﨑動物病院院長
発行者	滝口直樹
発行所	株式会社マイナビ出版
	〒101-0003
	東京都千代田区一ツ橋2-6-3　一ツ橋ビル2F
	Tel. 0480-38-6872（注文専用ダイヤル）
	Tel. 03-3556-2731（販売部）
	Tel. 03-3556-2735（編集部）
	E-mail:pc-books@mynavi.jp
	URL:https://book.mynavi.jp
校正	株式会社鷗来堂
印刷・製本	シナノ印刷株式会社

［注意事項］

・本書の一部または全部について個人で使用するほかは、著作権法上、株式会社マイナビ出版および著作権者の承諾を得ずに無断で模写、複製することは禁じられております。

・本書について質問等ありましたら、上記メールアドレスにお問い合わせください。インターネット環境がない方は、往復ハガキまたは返信用切手、返信用封筒を同封の上、株式会社マイナビ出版　編集第2部書籍編集3課までお送りください。

・乱丁・落丁についてのお問い合わせは、TEL:0480-38-6872（注文専用ダイヤル）、電子メール:sas@mynavi.jpまでお願いいたします。

・本書の記載は2021年10月現在の情報に基づいております。そのためお客様がご利用されるときには、情報や価格が変更されている場合もあります。

・本書中の会社名、商品名は、該当する会社の商標または登録商標です。